Translation and Annotation of
*Zhoubi Suanjing*
or the Mathematics Classic of the Zhou Gnomon

中国古代科技名著译注丛书

# 周髀算经 译注

### 程贞一　闻人军　译注

上海古籍出版社

**图书在版编目(CIP)数据**

周髀算经译注/程贞一,闻人军译注. —上海:
上海古籍出版社,2012.12(2023.11重印)
(中国古代科技名著译注丛书)
ISBN 978 – 7 – 5325 – 5854 – 4

Ⅰ.①周… Ⅱ.①程…②闻… Ⅲ.①古算经—中国
②天文学史—中国—先秦时代③周髀算经—译文④周髀算
经—注释 Ⅳ.①O112②P1 – 092

中国版本图书馆CIP数据核字(2011)第045786号

中国古代科技名著译注丛书
韩寓群　徐传武　主编
**周髀算经译注**
程贞一　闻人军　译注
上海古籍出版社出版、发行

上海市闵行区号景路159弄1-5号A座5F　邮政编码201101
(1)网址:www. guji. com. cn
(2)E – mail:gujil@ guji. com. cn
(3)易文网网址: www. ewen. co
常熟市人民印刷有限公司印刷
开本890×1240　1/32　印张6.75　插页5　字数186,000
2012年12月第1版　2023年11月第11次印刷
印数:20,101—25,200
ISBN 978 – 7 – 5325 – 5854 – 4
O · 1　定价:30.00元
如有质量问题,请与承印公司联系

# 出 版 说 明

  中华民族有数千年的文明历史，创造了灿烂辉煌的古代文化，尤其是中国的古代科学技术素称发达，如造纸术、印刷术、火药、指南针等，为世界文明的进步，作出了巨大的贡献。英国剑桥大学凯恩斯学院院长李约瑟博士在研究世界科技史后指出，在明代中叶以前，中国的发明和发现，远远超过同时代的欧洲；中国古代科学技术长期领先于世界各国：中国在秦汉时期编写的《周髀算经》比西方早五百年提出勾股定理的特例；东汉的张衡发明了浑天仪和地动仪，比欧洲早一千七百多年；南朝的祖冲之精确地算出圆周率是在3.1415926～3.1415927之间，这一成果比欧洲早一千多年……

  为了让今天的读者能继承和发扬中华民族的优秀传统——勇于探索、善于创新、擅长发现和发明，在上世纪八十年代，我们抱着"普及古代科学技术知识，研究和继承科技方面的民族优秀文化，以鼓舞和提高民族自尊心与自豪感、培养爱国主义精神、增进群众文化素养，为建设社会主义的物质文明和精神文明服务"的宗旨，准备出版一套《中国古代科技名著译注丛书》。当时，特邀老出版家、科学史学者胡道静先生（1913—2003）为主编。在胡老的指导下，展开了选书和组稿等工作。

  《中国古代科技名著译注丛书》得到许多优秀学者的支持，纷纷担纲撰写。出版后，也得到广大读者的欢迎，取得了良好的社会效益。但由于种种原因，此套丛书在上个世纪仅出版了五种，就不得不暂停。此后胡老故去，丛书的后继出版工作更是困难重重。为了重新启动这项工程，我社同山东大学合作，并得到了山东省人民政府的大力支持，特请韩寓群先生、徐传武先生任主编，在原来的基础上，重新选定书目，重新修订编撰体例，重新约请作者，继续把这项工程尽善尽美地完成。

在征求各方意见后，并考虑到现在读者的阅读要求与十余年前已有了明显的提高，因此，对该丛书体例作了如下修改：

一、继承和保持原体例的特点，重点放在古代科技的专有术语、名词、概念、命题的解释；在此基础上，要求作者运用现代科学的原理来解释我国古代的科技理论，尽可能达到反映学术界的现有水平，从而展示出我国古代科技的成就及在世界文明史上的地位，也实事求是地指出所存在的不足。为了达到这个新的要求，对于已出版的五种著作，此次重版也全部修订，改正了有关的注释。希望读者谅解的是，整理古代科技典籍在我国学术界还是一个较年轻、较薄弱的一门学科，中国古代科技典籍中的许多经验性的记载，若要用现代科学原理来彻底解释清楚，目前还有许多困难，只能随着学术研究的进步而逐步完成。

二、鉴于今天的读者已不满足于看今译，而要阅读原文，因此新版把译文、注释和原文排列在一起，而不像旧版那样把原文仅作为附录。

三、为了方便外国友人了解古老的中国文化，我们将书名全部采用中英文对照。

四、版面重新设计，插图在尊重原著的前提下重新制作，从而以新的面貌，让读者能愉快地阅读。

五、对原来的选目作了适当的调整，并增加了新的著作。

《中国古代科技名著译注丛书》的重新启动，得到了许多老作者的支持，特别是潘吉星先生，不仅提出修订体例、提供选题、推荐作者等建议，还慨然应允承担此套丛书的英文书名的审核。另外，本丛书在人力和财力上都得到了山东省人民政府和山东大学的大力支持。在此，我们向所有关心、支持这项文化工程的单位和朋友们表示衷心的感谢；同时希望热爱"中国古代科技名著译注丛书"的老读者能一如既往地支持我们的工作，也期望能得到更多的新读者的欢迎。

上海古籍出版社

二〇〇七年十一月

# 前　言

　　《周髀算经》原名《周髀》，是中国古代先秦至西汉论天三家（宣夜、周髀、浑天）之一周髀家学说的经典记录，未署作者或编者之名。周髀，本意是周代测影用的圭表。书中陈子答荣方问时已挑明书名含义，陈子说："古时天子治周，此数望之从周，故曰周髀。髀者，表也。"测影的圭表是周髀家的主要仪器，测影的数据、方法及理论分析是周髀家的学说基石，称《周髀》可以说是名实相符。到唐代，国子监以李淳风[1]（602—670）等注释的十部算经作为教材，《周髀》改称《周髀算经》，列为十部算经的第一部，遂以《周髀算经》传世。根据流传至今最古的版本南宋本，书名中的"算"字原为"筭"字。今因"筭"同"算"，故本书沿用《周髀算经》之称。

## 著作年代和内容

　　天文学经过春秋战国时期的百家争鸣和政治经济大变革，出现了多种思潮和学派，其中最有价值的是浑天说和宣夜说。这些新天文学派对传统周髀说提出了有力的质疑。秦始皇统一中国后，重整历律，各派继续争辩。为回应当时的新天文学派，《周髀算经》可能就在此期间或较后在周髀学派流传著作的基础上编辑成书。编辑年代学术界看法不一，具体年代待考。

　　《商高篇》（此篇名及下文的《陈子篇》、《周髀天文篇》皆系译注者所加）和《陈子篇》均以"昔者"一词起始，说明此两篇的写作年代分别晚于周公、商高和陈子时代，而文中的辞句构造却说明此两篇的写作年代要早于《周髀算经》的编辑年代。

《周髀算经》的本文，虽仅六千二百余字，但言简意赅，内容充实深广，是一部以推理观测为基础的学术著作，堪称古代研究自然科学的奇著。从行文体裁到内容分析，显然不是一个人也不是一个时代的著作，全书可分为三部分。首先是西周数学大师商高以对话方式向周公叙述当时的主要数学理论和成就，以及在观测天地上的应用。此部分是中华古文明现存最早的一篇数学述作，本书将其称为《商高篇》。

《商高篇》叙述的主要数学成就可以归纳为三点：1. 创建积矩推导法和推导勾股定理；2. 建立方圆法和"毁方而为圆，破圆而为方"的理论和步骤，推算近似圆面积及圆周率；3. 矩在观测天地上的应用。商高积矩推导法的一个主要成就是把数学由经验层次发展到以推导证明的层次，从而奠定了中国理论数学的基石。以全球视角来分析，根据希腊科学史家普罗克鲁斯（Proclus，410—485）在其 *Eudemian Summary*（《欧德莫斯概要》）中的论述，西方有据可考的毕达哥拉斯定理[2]（Pythagoreans Theorem，即勾股定理）的最早证明出现在欧几里得[3]（Euclid，活动于公元前 300 年左右）的《几何原本》中。商高推导勾股定理的叙述是世界数学史现存最早证明勾股定理的记载。公元前三世纪古希腊科学家阿基米德（Archimedes，约公元前 287—前 212）继承其前辈欧多克索斯[4]（Eudoxus，约公元前 408—前 355）的思路，创用圆内接和外切正多边形的周长确定圆周长的上下界，以此推导圆周率。商高方圆法的"毁方而为圆，破圆而为方"已在理论上指出了圆周率近似值的推算步骤。测量数学虽早在古埃及和巴比伦已有实际应用，商高在矩应用上的叙述也是现存测量数学的早期系统记载。这些成就奠定了《商高篇》在世界数学史上应有的地位。

《周髀算经》的第二部分包含春秋末期（或战国初期）杰出数学家和天文学家陈子的数学、天文学成就，本书称之为《陈子篇》。

其内容是以师生对话方式叙述治学之道和春秋战国之交有关周髀说的天文学知识。陈子注重"通类"思考，提出"同术相学，同事相观"以协助思维的治学之道。《陈子篇》的主要成就可以归纳为四点：1. 二望双测法和重差公式的推导；2. 日径和日高的测量和推算；3. 影差与日（视）运行的模型分析；4. 日月（视）运行与季节的七衡图理论关系。

陈子重差公式的推导，现仅存日高图和图中标以甲、乙、戊面积所示的数量关系。历来学者对这些面积之间的关系有不同看法，但均未解释这些面积对于推导重差公式的关系。我们发现：现存南宋本和明刻本的陈子日高图脱缺最下一行；补上底行的陈子日高图（参见《陈子篇》二"日高图"，图四十和图四十五）展示甲、乙、戊面积之间的关系，正是推导重差公式的关键的面积关系且与赵爽注文符合。由此证实，推导重差公式出自春秋末期（或战国初期）的陈子，远在赵爽（约活动于公元 250 年左右）和刘徽[5]（活动于公元263年左右）时代之前。

陈子应用此重差公式不仅测量和推算出日径和日高，而且测导出"寸差千里"日影与日（视）运动度量上的关系。由此"寸差千里"影距关系，陈子建立了日月（视）运行的数理模式和其运行与季节的七衡图理论关系。当后世学者理解到天体（视）运行与观测地水平面相互平行假设存在着局限性时，陈子"寸差千里"的影距关系和其日月（视）运行的分析就都随着此假设而淘汰了。但是在陈子时代，这些解析性的模式数理分析是一个突破性的成就。陈子测得"率八十寸而得径一寸"的日距日径比率，西方直到阿基米德时代才达到类似的成就。陈子的模式天体（视）运行的测算尝试是一个以测量和理论为依据的超时代学术研究，具有高度的科学价值。

《周髀算经》的第三部分记载古代天文和历来周髀说的成就，本书称之为《周髀天文篇》。内容包括盖天天地模型、北极璇玑结构、二十八宿、二十四节气和历学历法。

简而言之，《周髀算经》作为我国最早的数理天文学著作，在集盖天说之大成的同时，熔勾股定理的建立、重差公式的推导以及数理模式的发端于一炉，在中国和世界数学史、天文学史上均占有重要的领先地位。

## 版本流传、注释和校勘

现存史书中最早提到《周髀》者是《宋书》。其《天文志》引东汉蔡邕（132—192）之言："论天体者三家：宣夜之说绝无师法；《周髀》术数具存，考验天状，多所违失；惟浑天仅得其情。"又《宋书》卷九十八记载，刘宋元嘉十四年（437），北凉沮渠牧健（茂虔）奉表献方物，并献书籍二十种计一百五十四卷，其中载明有《周髀》一卷。《宋书》记载的北凉所献书目，后来大多出现于《隋书·经籍志》。《隋书·经籍志》收录了《周髀》一卷（赵婴注）、《周髀》一卷（甄鸾重述）及《周髀图》一卷，这是《周髀》书目见于正史经籍志之始。经前人（如鲍澣之[6]）考证，赵婴即赵爽。赵爽可能是东汉末至三国时代的人（据钱宝琮考证），生平未详。

上海图书馆所藏孤本南宋版《周髀算经》系嘉定六年（1213）鲍澣之根据北宋元丰七年（1084）秘书省重刊《算经十书》重刻，这是目前存世的《周髀算经》的最古版本，学术界称为"南宋本"。

南宋本《周髀算经》保留了赵爽（字君卿）、北周甄鸾[7]、唐李淳风等的三家注文。这三家注文不仅水平不一，而且性质也不同。赵爽的注解是一种纯学术性的注释和研究著作，甄鸾的注解主要是作特例的数字核对，李淳风等的注解则是唐代国子监《算经十书》编辑组的合作著作。特例核对所得数字的一致只是一个必要条件，并非充分条件，不足以证实其核对数理关系的正确性，甄鸾注解的价值极为有限，况且其注解有误，李淳风等对此有多处批评。

李淳风等注解的主要贡献在于评论《周髀》中"周髀长八尺，句之损益寸千里"影差与日（视）运行南北距差的成说。李淳风等利用历代实测数据，否定了影差与南北日距差"损益寸千里"这一传统重差率。李淳风等在其注中，采用测望地面的斜度试图改进此重差率，虽然在数学上成功地把平面重差术推广到斜面重差术，但是对数理天文学中实际日（视）运行推算的改进，离目标相差甚远。李淳风等也以实测结果分析了《周髀》原著与赵爽注文用等差级数插值法推算二十四气表影尺寸，指出这些尺寸与实测结果不合。李淳风等的注释偏重于实验测量，但是对陈子天体（视）运行模式研究的评论颇有值得商榷之处，对赵爽在数学方面的成就也有认识不到的地方。也许李淳风等最重要的贡献在于将《周髀》编入《算经十书》，不仅提高了国子监教材的质量，而且有助于《周髀》的保存和流传。

三家注文中以赵爽的贡献为最大。赵爽注《商高篇》，除作注释之外并附有一篇有关方圆和勾股的数学专著，传本《周髀算经》中，它仅存勾股部分，今简称为"勾股论"。在"勾股论"中，赵爽不仅利用积矩法推导出勾股定理的另一证明，并且说明积矩推导法中面积组合"形诡而量均，体殊而数齐"的转变原理。为分析和比较自己与商高推导勾股定理的两个不同证明，赵爽提供了一幅重迭弦图，商高推导勾股定理的弦图由此得以流传后世。

赵爽组合转变原理——"形诡而量均，体殊而数齐"的陈述，说明在积矩推导中，当由一面积组合转变到另一面积组合，其内部不同形状面积的合并必须形成同一组合量度，其内部不同尺寸面积的总和必须等于同一组合总数。赵爽的"组合转变原理"是商高积矩推导演变的一个基本理论。"组合转变原理"和刘徽的"出入相补原理"不约而同地奠定和推演了商高积矩推导法的理论和应用。在公元十七世纪，当商高积矩推导法出现于欧洲时，被欧洲数学界称为"解剖证明法（Dissection Proof）"。

赵爽"勾股论"的另一个重要贡献是在代数。由《九章算术》可知古代中国很早就可数值解一元二次方程。在赵爽时代，带从法（二次开方法）已是数学界数值解方程的普通知识。赵爽的兴趣不在数值解方程而在分析解方程。利用带从法和勾股图中面积转变关系，赵爽设立了具有适当系数的带从平方式（即一般性二次方程）作分析解方程，并求得通解此方程的两个根。在十六世纪，法国数学家韦达（Franciscus Vieta，1540—1603）独立地再次求得与赵爽相等的两个通解根。现今一般称解二次方程的两个通解根为韦达（Vieta）公式。以全球视角来分析，现存通解一般性二次方程的两个根的最早记录出自赵爽为注《周髀算经》所作的"勾股论"。由此可见，分析解方程的开拓者是公元三世纪的赵爽。

赵爽注《陈子篇》也给日高图和七衡图附了篇注，今相应地称为"日高图注"和"七衡图注"。现今对陈子日高图和七衡图的理解主要经过赵爽的注释，尤其是陈子应用积矩法推导重差公式的细节。

赵爽注对《周髀》的保存和流传更是功不可没。晋末中原战乱，大批士人避乱甘肃河西，河西人文学术繁荣一时。刘宋元嘉十四年（437）北凉所献书籍中大多是五凉学者的著作。其中北凉太史令赵㪚善历算，制玄始历等，造历三十年，颇有著述。赵㪚也许迁自中原，不免使人联想赵㪚和赵爽有无渊源以及北凉所献《周髀》抄本的来历。[8]

关于《周髀算经》的版本流传，从宋代起的脉络如下：

一、北宋元丰七年（1084），秘书省重新刊刻李淳风等编辑注释的《算经十书》，附入唐李籍撰《周髀算经音义》，该版现已失传。南宋嘉定六年（1213）鲍澣之根据元丰七年的版本重新刊刻《算经十书》，其中的《周髀算经》明末章丘李开先家曾保藏一部，清康熙中归常熟毛晋之子毛扆，现藏于上海图书馆。南宋本虽有刊漏阙误等情况，但与其他版本相比，错误较少而保存的信息更接近南宋以前的版本。1980年文物出版社影印出版的《宋刻算经六种》、2002年上海古籍出版社影印出版的《续修四库全书》、2004年北京图书馆出版社出版的《中华再造善本》，都选用了上海图书馆所藏的南宋本《周髀算经》影印。此外，毛扆曾请善书者据"南宋本"复制一影宋抄本，今存台北故宫博物院。故宫博物院于1931年影印《天禄琳琅丛书》，其中《周髀算经》的底本即毛氏的影宋抄本。

二、明万历中胡震亨刻《秘册汇函》，《周髀算经》为其中之一，卷首题"明赵开美校"，除赵爽、甄鸾、李淳风三家注之外，增入了唐寅注。唐注量少，质亦不高。《秘册汇函》的《周髀算经》又称胡刻本或赵校本。其衍生的版本有明毛晋汲古阁《津逮秘书》，清《古今图书集成》、《学津讨原》、《槐庐丛书》，民国商务印书馆《四部丛刊》、中华书局《四部备要》等。赵开美校勘的底本现尚无法查明，但不是鲍澣之的南宋本。胡刻本的错误比南宋本多，但仍有校勘的价值。1990 年上海古籍出版社出版《诸子百家丛书》，影印收录了胡刻本。

三、明代《永乐大典》收有《周髀算经》，现不知下落。清乾隆年间修《四库全书》，戴震（1724—1777）从《永乐大典》中辑录出《周髀算经》，用以校勘明胡刻本。戴震校勘本被排印收入《武英殿聚珍版丛书》，史称殿本。戴震校勘本又被手抄入《四库全书荟要》和《四库全书》。殿本之后，戴震又以毛氏影宋抄本为底本重加校勘，并交孔继涵刊于微波榭本《算经十书》。殿本和微波榭本流传都较广，例如：商务印书馆（1937）和中华书局（1985）出版《丛书集成·周髀算经》系用武英殿聚珍版排印，商务印书馆《万有文库·周髀算经》系用微波榭本排印，1993 年河南教育出版社影印出版的《中国科学技术典籍通汇·数学卷》第一册收录了殿本。《四库全书荟要》和《四库全书》的《周髀算经》也已影印出版，例如：台湾商务印书馆影印文渊阁本《四库全书珍本别辑》（1975）及《四库全书》（1983）收录了《周髀算经》，吉林出版集团影印的《钦定四库全书荟要》中收有《周髀算经》（与《周易参同契通真义》合为一书），于 2005 年出版。

戴震先后利用传世的几种善本对《周髀算经》作了全面的校勘，贡献至巨，但仍有疏漏。道光年间顾观光作《周髀算经校勘记》，光绪年间孙诒让（1848—1908）作《札迻》，作了进一步校勘。至上世纪六十年代，钱宝琮（1892—1974）校点的《算经十书》于 1963 年由中华书局出版，其中的《周髀算经》以微波榭本为底本，参考顾观光《周髀算经校勘记》、孙诒让《札迻》的校勘成果，作了新的校勘，一般称为钱校本。此后，钱校本曾通行海内外，对《周髀算经》的研究颇有贡献。但钱校本虽然简单明了却失之简略。且本身未及反映海内外新的研究成果。世纪之交，遂有两种新的均以南宋本为底本的《周髀算经》校点本问世。1998 年辽宁教育出版社出版了郭书春、刘钝校点的《算经十书》，其中的《周髀算经》由刘钝、郭书春校点，反映了钱校本问世以后的研究新进展。今简称为郭刘本。郭刘本比钱校本进步，但对某些文字异同取舍、错简的调整，特别是插图的校勘选用与我们有见仁见智之别。2002 年陕西人民出版社出版了曲安京的《〈周髀算经〉新议》，其中也有一个校勘记，并指出"就正误率而言，殿本与南宋本当在伯仲之间"。但因丛书体例之故，曲校本删去了赵爽、甄鸾和李淳风的大部分注释，且刊误率偏高。《传世藏书》（1997）和《四库家藏》（2004）收有孙小淳整理的《周髀算经》校点本，也以南宋本为底本，但无校勘说明。

## 国内外流传和研究

历史上的浑盖之争，浑天说基本上占优势。东汉以后至二十世纪以前，盖天说曾两次暂占上风。一次是公元六世纪初，梁武帝萧衍召诸儒于长春殿，宣扬他经过改造的盖天说。第二次是明末清初的西学东渐高潮中，人们发现《周髀算经》中的不少内容，与丹麦天文学家第谷（Tycho Brahe, 1546—1601）以前的西方科学相似，从而激发了一股西学东源思潮，宣扬西法出自《周髀算经》。其代表作为梅文鼎（1633—1721）的《历学疑问》（1693）和《历学疑问补》（1705）。梅文鼎等还继承和发展了历史上的浑盖合一说，比明末李之藻等更有所发挥。梅文鼎的有些说法现在看来纯属牵强附会，但却激起了清代不少人钻研盖天说和《周髀算经》的兴趣。其中较有成就者，有冯经《周髀算经述》、邹伯奇（1819—1869）《周髀算经考证》、顾观光（1799—1862）《周髀算经校勘记》等。

详细文献资料可查阅丁福保（1874—1952）和周云青所编的《四部总录算法编》（商务印书馆，1957 年）。

时至二十世纪，包括天文学在内的西方近代科学日渐深入人心，人们逐渐走出西学东源说的认识误区。1929 年钱宝琮发表《周髀算经考》。1931 年李俨（1892—1963）发表《勾股方圆图注》。1958 年钱宝琮又发表《盖天说源流考》，1963 年中华书局出版钱宝琮校点的《算经十书》，为《周髀算经》研究作出重要贡献。1980 年陈遵妫发表《中国天文学史》第一册，除了对《周髀算经》全书疏解外，专题研讨了晷影测量、北极璇玑等六个问题。《周髀算经》中的商高周公对话，因为事关勾股定理的发现和证明，历来是中外学者关注的焦点。李俨于 1926 年发表《中算家之 Pythagoras 定理研究》，最早详细讨论勾股定理在中国的源流。国内外的有关论文甚多。1951 年，程纶在《中国数学杂志》上发表《毕达哥拉斯定理应改称商高定理》；章鸿钊在《数学杂志》上发表《周髀算经上之勾股普遍定理："陈子定理"》，建议改称陈子定理。几十年来，不少学者先后投入研究和争论。

1987 年程贞一根据《周髀算经》中的商高原文复原了商高推导勾股定理的弦图，指出商高的积矩法是一个建立在逻辑上的通用几何推导证明法，并认定 1873 年出现于欧洲的解剖证明法就是商高的积矩推导法。接着，台湾的陈良佐（1989）和李国伟（1989），大陆的李继闵（1993）与曲安京（1996）等都曾撰文讨论商高勾股定理的推导。

与此同时，傅大为（1988）和陈方正（1996）作了《周髀算经》研究传统和源流的宏观考察和研究。傅大为的长文收入其论文集《异时空里的知识追逐》，陈方正的论文收入其论文集《站在美妙新世纪的门槛上》，书名正好反映了他们的研究特色。关于盖天说的天地结构，除了传统的平行球冠状、平行平面、平行圆锥状等模型外，先后出现了李志超、江晓原的尖顶平行平面模型以及其他模型，加入百家争鸣。对于《周髀算经》中有无域外天学影响的新一轮讨论，自上世纪末江晓原等发其端，争议和探讨正方兴未艾。

《周髀算经》中的晷影和天文数据究竟是实测、借用还是编造，见仁见智，不一而足。《周髀算经》作为中国最早的数理体系是自洽（自相一致）还是存在自相矛盾，也有不同意见。关于《周髀算经》的成书年代，1986 年冯礼贵的《周髀算经成书年代考》曾汇集十多种不同观点。二十多年来，又有一些不同观点出现，如官书、李迪认为张苍是"周髀"的定稿人。关于几种传本的衍文、错简，学界看法也不一致，具有代表性的论文已收入本书所附的"参考文献和书目"。已出版的专著有江晓原、谢筠译注《周髀算经》（1996）、曲安京《〈周髀算经〉新议》（2002）等。

在远东，《周髀算经》早已传入日本，东京内阁文库藏有《周髀算经》的明刻本。日本天明六年（1786）川边信一（Kawabe Shin'ichi）曾校勘《周髀算经》并作《周髀算经图解》，文政二年（1819）篠原善富（Shinohara Yoshitomi）加以补正，作《周髀算经国字解》。1913 年日本学者三上义夫（Mikami Yoshio，1875—1950）以英文著 The Development of Mathematics in China and Japan（《中国日本数学发展史》），书中译解了《周髀算经·商高篇》。二十世纪二十年代后期，日本新城新藏根据《春秋》、《史记》、《汉书》等有关历法的史料，考察了从周初到太初改历（前 104）的历史，论证"太古以来到太初约两千年的天文学的历史发展，是一种完全自发的演变历史，丝毫看不到任何外来影响的形迹"。他的学生能田忠亮于 1933 年发表《周髀算经の研究》，从历史文献和近现代天文学知识的角度，细致研究和综合了前人的重要成果，称《周髀算经》为千古的至宝。1969 年中山茂的《日本天文学史——中国背景和西方影响》扼要介绍了《周髀算经》的内容和研究，惜有多处误解和错误的假设。1980 年桥本敬造（Hashimoto Keizo）的《周髀算经》日文译注发表于薮内清（Yabuuchi Kiyoshi）主编的《中国天文学数学集》（289—350）。1991 年程贞一和席泽宗发表了论文《陈子模型和早期对于太阳的测量》，载于《中国古代科学史论——续篇》（京都，1991，367—383）。

在欧美，法国学者 É. 毕奥（Édouard Biot，1803—1850）曾把

《周髀算经》译成法文，1841 年刊于《亚洲研究》（Journal Asiatique）第 3 卷第 11 期。1853 年英国传教士学者伟烈亚力（Alexander Wylie，1815—1887）的 "*Jottings on The Science of the Chinese Arithmetic*" 刊于 *Shanghai Almanac and Miscellany*（1853），其中率先把《周髀算经·商高篇》作了英文译解。1938 年恰特莱（Chatley Herbert，活动于 1895—1947）在《观象台》（*The Observatory*）发表《盖天——中国古代天文学研究》，其研究基于 É.Biot 的译本。英国李约瑟（Joseph Needham，1900—1995）的《中国科技史》第 3 卷（1959）也对《周髀算经》作了探讨。程贞一于 1987 年在《中华科技史文集》（*Science and Technology in Chinese Civilization*）中，以英文译解了《周髀算经·商高篇》的主要内容。随后，在 1996 年出版的《中华早期自然科学之再研讨》（*Early Chinese Work in Natural Science*）中，对《周髀算经·陈子篇》的重要内容作了英文译解。1996 年英国古克礼（Christopher Cullen）发表了《周髀算经》的英译和研究：*Astronomy and Mathematics in Ancient China: the Zhou Bi Suan Jing*。

## 本书的内容和特色

笔者因科技史的共同志趣相识多年，本书是我俩新近合作的成果，其中既吸收了前人和学术界的研究成果，也推出了一些新见。敝帚自珍，举其要者如下，或可供导读之用。同时，欲借此机会就正于学术界。

1. 本书深入地分析了古代数学家商高与数学天文学家陈子的思路和理论，揭示了他们创造性的成就，证实他们二位是古代中国数学和天文学的先行者。

2. 本书指出中国数学早在商高时代就以推导得成的思维给理论数学建立了基础。商高创立的积矩法是一个以推导证明定理的逻辑步骤。本书从商高原文和赵爽的注图中复原出商高弦图，由此复原了世界数学现存最早勾股定理的推导证明。商高的方圆法是一个以方求圆的推算步骤，本书依据商高原文和底本绘图空页恢复了方圆、圆方图的原貌。

3. 通类思维是中国古代应用数学的重要基础。商高应用矩之数理开拓了中国测量数学。本书追踪陈子的思路，分析了他在数学和天文学的成就。陈子认为对天地的认识"皆算术之所及"，为此他利用数学把商高测量法扩展到二望双测法，以积矩法推导得成重差求高公式。在现今所谓的"平行面天地模型"下，以重差求高公式和太阳直径和距离比率的测值，推算了太阳的直径和距离。本书推重陈子由此开拓了中国数学、天文学的研究。由赵爽的注文，本书补正了传误已久的陈子日高图的脱缺，并复原了陈子"寸差千里"影距公式的推导。本书也整理出有别于前人的七衡图、青图画和黄图画。

4. 赵爽注释所附"句股圆方图注"是古代不可多得的理论数学著作，本书不仅校正了注文中的刊误，并且分析了赵爽为积矩推导法所提出的面积组合转变原理的重要性。本书进而介绍了赵爽分析解一元二次方程的研究，并指出这是代数学发展史上一个开拓性的成就。

5. 本书考察了商高论天地和盖天说天地模型的关系，提出了"天象盖笠、地法覆盘"的一种新解。

6. 对于二十八宿的起源及其完成年代，本书以考古出土文物和《尚书·尧典》等文献相结合，驳斥了中国二十八宿赤道坐标系统外来说。本书把二十四节气的起源也追溯到帝尧时代以观测昂、火、鸟、虚四组星于黄昏时通过南方中天定四季的实施。此外，本书还分析了"十九年七闰法"是否来自巴比伦的争辩。根据《春秋》编年证明，中国早在公元前722年先于巴比伦使用了"十九年七闰法"。

7. 对《周髀算经》三个部分的形成和编辑时代分别作了分析。

8. 通过译注和校勘，为读者提供了一个较为完善的《周髀算经》新版本。

## 本书体例和写作说明

南宋本是我们校勘用的底本。除了文字异同取舍需要此一善本为基础外，南宋本保存的插图信息是其他各本所无法比肩的。例如：这次我们从南宋本出发，补正了传本日高图的脱缺；此外，还补正了商高句股图，乙正了商高方圆、圆方图的图名。我们在校勘工作中，参考吸收了戴震、顾观光、孙诒让、钱宝琮、刘钝、郭书春等前贤和今人的校勘成果，也阐述了自己的研究心得。

校勘中所使用的主要版本有：

**南宋本**　采自 1980 年文物出版社之《宋刻算经六种》影印本，为本书的底本。

**胡刻本**　采自 1990 年上海古籍出版社之《诸子百家丛书》影印本。

**四库本**　采自 1983 年台湾商务印书馆影印之文渊阁本。

**殿本**　采自 1993 年河南教育出版社的《中国科学技术典籍通汇·数学卷》第一册中的影印本。本书校记中的戴校本合指四库本和殿本，必要时则分别注明。

**钱校本**　采自 1963 年中华书局的《算经十书》本。

**郭刘本**　采自 1998 年辽宁教育出版社的《算经十书》本。

原则上南宋本能读通的尽量不改，也不再出校。按照丛书体例，必要的校勘文字视为注释的一部分而纳入注释。

本书注释和校记中的"传本"泛指自南宋本至殿本诸本。除非另有说明，"原文"指底本的原文。底本中的异体字一律改为正体字，如"脩"改为"修"，"璿"改为"璇"，"筭"改为"算"，"句股"之"句"改为"勾股"之"勾"。

原文有少量错简、脱误或衍文。关于错简：商高周公问答的用矩之道在传本中置于"句股圆方图"和赵爽句股圆方图注之后，今移于"句股圆方图"之前。商高的圆方图和方圆术的叙文在传本中误刊于陈子篇的"七衡图"之前，今移前紧接"句股圆方图"之后。此种调整以及脱误、衍文的说明详见有关注释。

需特别说明的是，南宋本、明刻本均分为卷上、卷下，无小标题；戴震将卷上和卷下各细分为卷上之一、卷上之二、卷上之三及卷下之一、卷下之二、卷下之三；今仍分为卷上、卷下两卷，但将卷上分为"甲、商高篇"和"乙、陈子篇",卷下称为"丙、周髀天文篇",各篇按内容又细分若干节并分别加了小标题,以便阅读。注释中提到的引书或论文的出处从简,其详情可查书末所附"参考文献和书目"。此外,赵爽的四段重要注文和李淳风的两段重要注文均提出另列,分别加注和今译。书中注释为发掘和阐明《周髀算经》各篇的精义作了相当的努力,今译力求符合原著文义并适合海内外现代读者的阅读习惯。然因水平所限,不妥之处在所难免,诚望方家不吝指正。

为便于读者多方了解《周髀算经》的背景、源流和精义,书末附有史料三则,即南宋本《周髀算经》鲍澣之跋、《四库全书总目·周髀算经提要》及李淳风关于古代天文学源流和盖天说的论述(节自《晋书·天文志》)。

《周髀算经》文字不多,但内涵丰富,值得继续深入研究。笔者愿与海内外读者共勉。

程贞一、闻人军

2010 年 12 月于美国加州

【注释】

〔1〕李淳风(602—670):岐州雍(今陕西省凤翔县)人,唐初天文学家、数学家。曾任太史令,改进浑仪。撰有《法象志》,《晋书》、《隋书》的《天文志》、《律历志》和《五行志》,以及《乙巳占》、《麟德历》等。受诏主持并与国学算学博士梁述、太学助教王真儒等注释包括《周髀算经》在内的十部算经,作为国子监教材。

〔2〕毕达哥拉斯定理(Pythagoreans Theorem):即勾股定理。毕达哥拉斯(Pythagoras,活动于公元前六世纪):古希腊数学家、哲学家。据说创立了集政治、学术、宗教三位于一体的毕达哥拉斯学派。虽巴比伦人已懂得并使用勾股定理,后代史学却将勾股定理的发现归之于毕达哥拉斯,后来又改为毕达哥拉斯学派,并称之为毕达哥拉斯定理。迄今尚无确切史料显示毕达哥拉斯本人或其同时代之毕达哥拉斯学派做出勾股定理的证明。

〔3〕欧几里得(Euclid,活动于公元前 300 年左右):古希腊数学家。著有世界上最早的公理化的数学著作——《几何原本》(Elements)。其中有西方现存最

早的勾股定理的证明法。《几何原本》前六卷的中译本在明末由徐光启（1562—1633）和意大利耶稣会传教士利玛窦（Matteo Ricci, 1552—1610）合译，后九卷在清末由李善兰（1811—1882）和英国传教士学者伟烈亚力（Alexander Wylie, 1815—1887）合译。

〔4〕欧多克索斯（Eudoxus，约公元前408—前355）：古希腊数学家、天文学家、地理学家。发展了关于比例的理论。根据科学史家的研究，《几何原本》卷Ⅴ和卷Ⅻ主要来自欧多克索斯的工作，阿基米德推导圆周率的思路也来自欧多克索斯，但欧多克索斯原著已失传。

〔5〕刘徽（活动于公元263年左右）：淄乡（今山东省邹平县）人（参见郭书春《九章筹术译注》第32页，上海古籍出版社），魏晋数学家。魏元帝景元四年（263），刘徽注《九章算术》（其自撰自注的第十卷《重差》，后单行，改称《海岛算经》，为《算经十书》之一。）继承和发展了前人的研究成果，如出入相补法等；特别是继承了商高的破圆术，创造割圆术，将极限思想和无穷小分割方法引入数学证明和近似计算，证明了截面积原理。刘徽还著有《九章重差图》一卷，已佚。

〔6〕鲍澣之：字仲祺，括苍（今浙江省临海市西）人，南宋数学家。十三世纪初陆续重刻北宋元丰七年（1084）秘书省刊本《算经十书》。嘉定六年（1213）权知汀州军州时重刻《周髀算经》，参见书末附录"鲍澣之跋"。

〔7〕甄鸾（535—578）：字叔遵，无极（今河北省无极县）人，北周数学家。官司隶校尉、汉中太守。编制天和历法，著有《五曹算经》、《五经算术》和《数术记遗》，注释《周髀算经》等古算书。

〔8〕参见古克礼（Christopher Cullen）《〈周髀算经〉导读》，载〔英〕鲁惟一主编《中国古代典籍导读》，1993年，第38页。

# 周髀算经序

　　夫高而大者莫大于天，厚而广者莫广于地。体恢洪而廓落[1]，形修广而幽清[2]。可以玄象[3]课[4]其进退，然而宏远不可指掌[5]也；可以晷仪[6]验其长短，然其巨阔不可度量也。虽穷神知化[7]不能极其妙，探赜索隐[8]不能尽其微。是以诡异之说出，则两端之理生，遂有浑天[9]、盖天[10]兼而并之。故能弥纶天地之道[11]，有以见天地之赜，则浑天有《灵宪》[12]之文，盖天有《周髀》[13]之法。累代存之，官司是掌。所以钦若昊天[14]，恭授民时。爽[15]以暗蔽，才学浅昧。邻[16]高山之仰止，慕景行之轨辙。负薪[17]余日，聊[18]观《周髀》，其旨约而远，其言曲而中[19]。将恐废替[20]，濡滞不通[21]，使谈天者无所取则。辄依经为图[22]，诚冀颓毁重仞之墙[23]，披露堂室之奥。庶[24]博物君子[25]，时迥[26]思焉。

【注释】
　　[1] 体恢洪而廓落：天体宏大而架构松散。恢洪：即恢宏，广大，宽阔。廓落：空旷稀落，架构松散。
　　[2] 形修广而幽清：地形广远而边缘隐蔽不清。幽清：隐蔽不清楚。
　　[3] 玄象：奥妙的日月星辰所显现的天象。
　　[4] 课：观察、推算。
　　[5] 指掌：比喻非常熟悉和了解。
　　[6] 晷仪：测定日影以定时刻方位、准度日月星辰的仪器。在《周髀算经》中，这仪器是一根长八尺、垂直于水平地面的表竿，称为"表"，或"竿"，或"周髀"。后世将一把标有刻度的水平尺（圭）与表制成一体，合称"圭表"。晷：日影。
　　[7] 穷神知化：谓穷究事物之神妙，了解事物之变化。出自《易·系辞

下》）：“穷神知化，德之盛也。”

　　〔8〕探赜索隐：探索幽深莫测、隐秘难见的义理。出自《易·系辞上》：“探赜索隐，钩深致远……莫大乎蓍龟。”赜：幽深莫测。隐：隐秘难见。

　　〔9〕浑天：浑天说。中国古代宇宙学说和天文学体系中占统治地位的学说，其纲领见于著名的张衡《浑天仪注》，原文恐已佚。唐《开元占经》卷一引《张衡浑仪注》说：“浑天如鸡子。天体圆如弹丸，地如鸡子中黄，孤居于天内，天大而地小。天表里有水，天之包地犹壳之裹黄。天地各乘气而立，载水而浮。周天三百六十五度又四分度之一；又中分之，则一百八十二度八分度之五覆地上，一百八十二度八分度之五绕地下，故二十八宿半见半隐。其两端谓之南北极……两极相去一百八十二度半强。天转如车毂之运也，周旋无端，其形浑浑，故曰浑天。”张衡（78—139）：字平子，南阳西鄂（今河南省南阳市）人，东汉著名科学家、文学家。浑天说代表人物，曾两度任太史令。精通天文历算，首创水动浑象仪和测定地震的地动仪。

　　〔10〕盖天：盖天说，实为周髀。自秦汉以来有些著者把“盖天”与“周髀”混为一谈。“盖天”乃周髀说中一个古老天体模型的名称。“周髀说”与“浑天说”是中国古代两个互补而对立的天文学学派，都以其主要天文仪器而得名。

　　〔11〕弥纶天地之道：在此是指概括体现天地运行变化的基本规律。出自《易·系辞上》：“《易》与天地准，故能弥纶天地之道。”

　　〔12〕《灵宪》：作者张衡（78—139），约作于公元118年，原文已佚，传本辑佚自《后汉书》卷二十《天文志上》刘昭注。

　　〔13〕《周髀》：“周髀”有多种含义，此处与《灵宪》相对举，是指周髀家的代表作，即《周髀算经》。

　　〔14〕钦若昊天：谓恭谨地遵循上天的指示。出自《尚书·尧典》：“乃命羲和，钦若昊天，历象日月星辰，敬授人时。”钦：恭敬。昊天：辽阔广大的天空，上天。

　　〔15〕爽：赵爽，字君卿，最早为《周髀算经》作注释的学者。可能是东汉末至三国时代的人，生平未详。钱宝琮根据赵爽注两次引用刘洪《乾象历》，而《乾象历》仅在三国东吴颁行过，认为赵爽是吴人。在《周髀算经》传本的赵爽、甄鸾、李淳风（602—670）三家注中，赵爽注的贡献最大。从赵注内容来看，赵爽精于天算。此序言简意赅，大量用典，说明赵爽同时有较高的文学素养。序中还披露赵爽作注时在病后（参见下文“负薪”注）。

　　〔16〕邻：亲近。

　　〔17〕负薪：原意背柴，引申为士人有疾的谦词。《公羊传》桓十六年“属负兹舍不即罪尔”，注：“天子有疾称不豫，诸侯称负兹，大夫称犬马，士称负薪。”又《礼记·曲礼下》曰：“君使士射，不能，则辞以疾，言曰：‘某有负

薪之忧。'"有些科学史著作误释"负薪"为"谋生糊口",或由此误以为赵爽是"一个布衣天文数学家"、"未脱离体力劳动的业余天算学家"。其实赵爽所指"负薪",并无体力劳动之意。

〔18〕聊:姑且,略。

〔19〕其旨约而远,其言曲而中:谓《周髀》的旨意简约却深远,文辞曲折婉转而能切中义理。出自《易·系辞下》:"其旨远,其辞文,其言曲而中。"底本"其言曲"后有"或作典"三小字,不知何人所注,胡刻本无,今删。约:简约。

〔20〕废替:罢弃,废弃。

〔21〕濡滞不通:不易理解。濡滞:迟缓,停留。

〔22〕辄依经为图:就依据《周髀》制作新图。因有些赵爽新图是在旧图的基础上所为,故"依经为图"的"经"包括《周髀》的经文和经图。传本《周髀算经》中,哪些图是赵爽以前的,哪些图是赵爽作的,要具体分析。辄:就。

〔23〕重仞之墙:比喻阅读研究《周髀算经》的障碍难如高墙。重仞:倍仞。仞:古代长度单位。仞之长度,说法不一。清儒陶方琦考证周代以八尺为仞,汉代以七尺为仞,东汉末以五尺六寸为一仞。

〔24〕庶:希冀,期望。

〔25〕博物君子:知识广博的先生。出自《左传》昭元年:"晋侯闻子产之言,曰:'博物君子也。'"子产是春秋时郑国名相,并以知识渊博闻世。

〔26〕迥:遥远。

## 【译文】

高而大者没有大于天的,厚而广者没有广于地的。[天]体宏大而架构松散,[地]形广远而边缘隐蔽不清。虽可以通过奥妙的天象推算[天体轨道运行]的进退出没,然因太遥远而不易直接洞测。虽可以用晷仪测量晷影长短变化[间接推算],然因天地尺度巨大而无法直接度量。即使尽全力专心致志,不能极尽宇宙奥妙所在;即便用上一切探究深奥、搜索隐秘之术,不能穷尽自然界精微之处。所以各种各样乃至标新立异、相互对立的学说纷纷出现。随后逐渐统一到浑天说和盖天说[的旗帜下],并存于世,所以能体现天地运行变化的基本规律。赖于探索天地之奥秘的经典,则浑天说有《灵宪》之文,盖天说有《周髀》之法。历代相传,由政府部门执掌,用以观测日月星辰之象,恭敬地学习上天之道,以便敬授人们历法，遵守季节时辰、安排事务。赵爽禀赋愚钝，才疏学浅，仰慕前贤，愿亲近其高德，追随其明行。病后余生，信手翻阅《周髀》，发现其旨意简约而深远，论述隐晦曲折而切中义理。担心此书将来日渐废弃，文句难以读通理解，以至研究天学者无从效法。故依据《周髀》原书增绘图形，加以注释。真诚希望能倾毁倍仞高墙，披露堂室之内的奥秘，揭示书中深意。期望知识广博的先生常加深思远虑。

# 目　录

# 周髀算经卷上（一）

## 甲[1]　商高篇：古典数学

### 一、周公问商高

#### （一）勾股圆方术

昔者周公[2]问于商高[3]曰："窃闻乎大夫善数也，周公，姓姬名旦，武王之弟。商高，周时贤大夫，善算者也。周公位居冢宰，德则至圣，尚卑己以自牧，下学而上达，况其凡乎？请问古者包牺[4]立周天历度[5]。包牺，三皇之一，始画八卦。以商高善数，能通乎微妙，达乎无方，无大不综，无幽不显，闻包牺立周天历度，建章蔀之法[6]。《易》曰："古者包牺氏之王天下也，仰则观象于天，俯则观法于地。"此之谓也。夫天不可阶而升，地不可得尺寸而度，邈[7]乎悬广，无阶可升；荡[8]乎遐远，无度可量。请问数安从出？"心昧其机，请问其目。商高曰："数之法出于圆方[9]，圆径一而周三，方径一而匝四。伸圆之周而为勾，展方之匝而为股，共结一角，邪适弦五。此圆方邪径相通之率，故曰"数之法出于圆方"。圆方者，天地之形，阴阳之数。然则周公所问天地也，是以商高陈圆方之形，以见其象；因奇耦之数，以制其法。所谓言约旨远，微妙幽通矣。圆出于方[10]，方出于矩[11]，圆规之数，理之以方。方，周匝也。方正之物，出之以矩。矩，广长也。矩出于九九八十一[12]。推圆方之率，通广长之数，当须乘除以计之。九九者，乘除之原也。故折矩[13]，故者，申事之辞也。将为勾股之率，故曰折矩。以为勾广三[14]，应圆之周，横者谓之广，勾亦广。广，短也。股修四，应方之匝，从者谓之修，股亦修。修，长也。径隔五[15]，自然相应之率。径，直；隅，角也。亦谓之弦。**既方之外[16]，半其一矩[17]。**勾股之法，先知二数然后推一。见勾、股然后求弦：先各自乘成其实，实成势化，尔乃变通[18]，故曰"既方之外[19]"。或并勾、股之实以求弦实，之中乃求勾股之分并，实不正等，更相取与，互有所得[20]，故曰"半其一矩"。其术：勾、股各自乘，三三如九，四四一十六，并为弦自乘之实二十五；减勾于弦，为股之实一十六；减股于弦，为勾之实九。**环而共盘[21]，得成三四五[22]。**盘，读如盘桓之盘。言取而并减之积，环屈而共盘之谓。开方除之，得其一面。故曰"得成三四五"也。**两矩共长二十有五[23]，是谓积矩[24]。**两矩者，勾、股各自乘之实。共长者，并实之数。将以施于万事，而此先陈其率也。**故禹之所以治天下者，此数之所生也。[25]"**禹治洪水，决流江河。望山川之形，定高下之势。除滔天之灾，释昏垫[26]之厄，使东注于海，而无浸逆。乃勾股之所由生也。

【注释】

　〔1〕此节周公商高问答应该是先秦流传下来的《周髀》中最早的经文，叙述周公商高时代的数学成就和在观测天地上的应用。其内容可以归纳为三点，即：1. 勾股定理和积矩推导法；2. 方圆法和"毁方而为圆，破圆而为方"推算近似圆面积及圆周率的理论和步骤；3. 方圆数学与矩在观测天地上的应用。文中"昔者"一词说明此文写作年代晚于周公商高时代，而其内容，我们和一些学者认为应该产生于西周初期，是由灵台工作人员口耳相传或著于竹帛。因此，此文的写作年代要远远早于《周髀算经》的编辑年代。又，"商高篇：古典数学"和"周公问商高"及"（一）勾股圆方术"、"（二）用矩之道"等标题为笔者所加。

　〔2〕周公：姓姬，名旦。周武王之弟，周成王之叔。武王死后，成王年幼，周公摄政，多有建树。他创制了礼乐制度，周朝文物因而完备。

　〔3〕商高：生平未详。赵爽注："商高，周时贤大夫，善算者也。"此注没有说明来源，也许是赵爽研读《周髀算经》时的合理推论。在疑古思潮影响下，有些科学史学者怀疑商高是假托的人物，失之主观。李淳风《晋书·天文志》论盖天说："其本庖牺氏立周天历度，其所传，则周公受于殷高，周人志之，故曰'周髀'。"李淳风称商高为殷高。李继闵认为"商高生平早见载于明末以前州志大概是不成问题的。…… 周代已有方志一类史籍，商高事迹因此而流传后世亦属可能。"（参阅李继闵《商高定理辩证》）可备一说。《中国方志丛书·商南县志》卷八"人物志"曰："〔周〕商高，黄帝之昆孙。以地得姓。周初封子男于商。精数学，《周髀》衍其说为算经。"这类记载源于古代

早期方志还是后代编方志者据《周髀》推衍，姑且存疑。值得注意的是，《商南县志》指出"《周髀》衍其说为算经"，与现代多数学者认为《周髀算经》是分阶段逐渐形成的相合。

〔4〕包牺：传说中远古的三皇之一，也写作伏羲、庖牺。《易·系辞下》："古者包牺氏之王天下也，仰则观象于天，俯则观法于地。"相传八卦由他所创。2006年5月河南省淮阳县平粮台龙山文化城址发现了一件半圆形黑衣陶纺轮，其上有阴刻符号——八卦中的☲（离）卦。由于这件黑衣陶纺轮属于龙山文化器物，当地又是传说中伏羲的都城"太昊之墟"，当有助于进一步探索伏羲和八卦起源。（参阅张志华、梁长海、张体鸽《河南平粮台龙山文化城址发现刻符陶纺轮》，《文物》2007年第3期。）

〔5〕立周天历度：建立周天测量度数。一周天为 $365\frac{1}{4}$ 度。本书中用"度"表示这一古代单位。现代一圆周等于360°，本书中用符号"°"表示现代度的单位。

〔6〕章蔀之法：指古代历法。汉初所传的六种古代历法均是四分历。四分历：一种以 $365\frac{1}{4}$ 日为回归年长度调整年、月、日周期的历法。以十九年为一章，一章有七闰，四章为一蔀，二十蔀为一遂（纪），三遂（纪）为一首（元）。冬至与月朔同日为章首，冬至在年初为蔀首。

〔7〕邈：邈邈，远。

〔8〕荡：荡荡，空旷广远。

〔9〕数之法出于圆方：数学的方法出于圆和方的数理特性。这是商高对周公"数安从出"的总括回答。在中国古代生产、生活实践及宗教、科学活动和哲学思维中，圆和方被认为是两个基本的图形元素，它们相互对立、可以相互转换。故刘徽注《九章算术》"圆田术"时称："凡物类形象，不圆则方。"

〔10〕圆出于方：求圆的方法可由方的数理特性推导。赵爽注："方，周匝也。"引申为多边形的周长。商高时代中国古代数学已创建出一个推算圆面积的方法，商高称此法为"方圆法"。其步骤是"毁方而为圆，破圆而为方"，即变圆内接正方形为圆内接多边形以近似圆面积，由圆面积推算得圆周率 π。圆周率：圆的周长与直径之比。

〔11〕方出于矩：方的运算方法可由矩的数理直角特性推导。古文"方"指正方、长方且有直角的含义。矩的本义，是两条边呈直角的曲尺。在两条边上可按用途取相等或不等之值。短边称为勾，长边称为股。山东嘉祥武梁祠东汉画像石有伏羲女娲规矩图，图中伏羲手执之器即矩，女娲手持之物即规（见图一）。在此"方出于矩"的"矩"已超出仅是工具的含义。正如上句"圆出

于方"叙述圆与方的数理关系，"方出于矩"叙述方与矩的数理关系。"矩"在商高时代已有多种含义。除了曲尺、直角之外，矩也指正方形和长方形的面积。商高指出"合矩以为方"，明示矩与矩形的相互关系。《墨子》称"方"为"矩见支也"，用两矩相遇给方面积下定义，正说明矩与矩形在概念上的连带关系。《墨子》：墨子及墨家学派的代表作。墨子（约前468—前376）：名翟，春秋战国之际的思想家，墨家学派的创始人。墨家注重自然科学和逻辑，在力学、声学、光学上有卓越的成就。

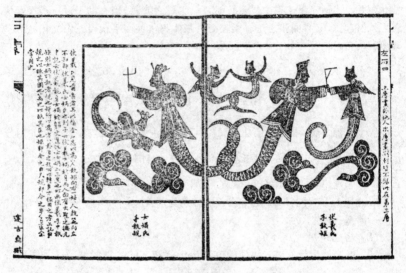

图一　规矩图

〔12〕矩出于九九八十一：矩的数理原理出于乘法运算。古代常用特例作名，譬如称乘法表为九九表。在此"九九八十一"指乘法运算，也是以特例为名。"数之法出于圆方，圆出于方，方出于矩，矩出于九九八十一"，商高在这23个字的回答中，说明了数学的通类性。商高认为数学的新知识可利用已知数学知识来启发和帮助推理演导。"通类推导思维"是中国古代的重要思维特色。

〔13〕折矩：将矩形对角一折为二，得两个相等直角三角形。

〔14〕以为勾广三：即"令勾广为三"。据《汉语大字典》"以"有"使，令"之义。

〔15〕以为勾广三，股修四，径隅五：若设折矩所得直角三角形的勾为三〔单位〕，股为四〔单位〕，那么径得五〔单位〕。径隅五：赵爽注："径，直。隅，角也。亦谓之弦。"径：演示长方形的对角线，也即直角三角形的斜边。

商高时代这一数学术语尚与圆径之径共用，从中也体现出方和圆之间的相互关系。不过当时尚未称"弦"。直角三角形斜边的平方也尚无"弦实"之名。五：五个单位长度；此数不是设值，而是随上文的勾广、股修之值而定（图二·商高勾股图左）。修：长。

〔16〕既方之外：在勾股形之外以径（斜边）为边作正方形。既方：以径（斜边）为边作正方形（参见图二·商高勾股图中）。之外：勾股形之外。底本、胡刻本作"既方之外"，戴校本和钱校本改为"既方其外"，两通，故不改。

〔17〕半其一矩：取半个长方形。

〔18〕实成势化，尔乃变通：有了这些面积就有了变换的基础，就可实行各种变换。

〔19〕既方之外：原作"既方其外"，但与经文不同，今统一。

〔20〕更相取与，互有所得：交替取勾或股的数值，都可得对应的股或勾的数值。

〔21〕环而共盘：环绕正方形一周，共同组成一方盘，见图二·商高勾股图右。如此所得之大方弦图，正是赵爽弦图的外弦图，见图十·赵爽勾股图（参阅程贞一《商高的解剖证明法》（英文），刊于 *Science and Technology in Chinese Civilization*，1987 年，第35—44 页和图 6）。

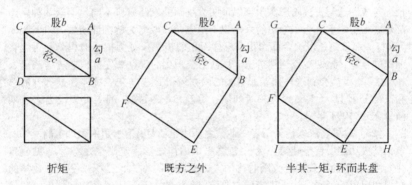

图二　商高勾股图（复原）

〔22〕得成三四五：得以推导成立勾股定理。得成：得以推导成立；三四五：直角三角形勾、股和径（即弦）的数理关系，即现称的勾股定理，这是商高篇中以特例为名的又一实例。

〔23〕两矩共长二十有五：赵爽注："两矩者，勾股各自乘之实，共长者，并实之数。"由此理解，"两矩共长二十有五"即勾方和股方两个矩形面积之和二十有五〔单位〕，也就是径方的面积。以近代数学符号表示，即

$$a^2 + b^2 = c^2 \text{。} \tag{1-1-1}$$

这正是上文"得成三四五"数理关系的具体表述。商高利用"折矩"所得的直角三角形设勾三和股四为例，然后根据"既方之外"作径方，而得一方四半矩的方盘。由此可见，"矩"和"方"两字在原文中的应用，有不同的含义。故"两矩"指的"矩"也可能是"折矩"的"矩"。由构图得，减两矩于方盘得中方，面积共长二十有五〔单位〕。以近代数学符号表示，即

$$(a + b)^2 - 2ab = c^2 \implies c^2 = a^2 + b^2 \text{。} \tag{1-1-2}$$

这正是上文"得成三四五"数理关系推导的具体表述。这段文字因简洁，出现对"两矩"的不同理解，何为商高原意？待考。但是这两种理解都确定，这段文字所叙述的是勾股定理 $c^2 = a^2 + b^2$ 的推导。

〔24〕是谓积矩：以上"积聚成矩"的推导法就是所谓的"积矩"法。正如其名所示，积矩法利用矩的总面积与其组合面积之间的关系，来建立数学原理。在此，商高利用的总面积是大方（即方盘），组合面积是四个在大方四角的直角三角和其中间的正方，由分析这总面积与组合面积之间的关系（见公式1-1-2）得成勾股定理。这种推导法符合逻辑，是古代中国在数学上的一大成就，首见于商高的工作。后人称赵爽和刘徽的推导法为出入相补法，实与商高积矩法一脉相承。古代中国数学的特征是以推导为基础，主要数学原理是以推导得成。这与古代希腊数学家以证明为基础的思路有所不同，但这两种思路都建立在逻辑上。当积矩法后来出现于西方时，取名为解剖证明法（dissection proof）。那就是把以组合面积积聚成总面积的步骤反视为把总面积分割为组合面积的步骤，这两观点当然等价。以西方公理化的观点来分析积矩法（或出入相补法），可体会到这种推导证明法的内在逻辑是建立在"整体为其部分的总和"的公理上。（参阅程贞一《勾股，重差和积矩法》，编入吴文俊主编《刘徽研究》，1993 年。）积矩：积聚成矩。

〔25〕故禹之所以治天下者，此数之所生也：大禹治水是中国远古的一件大事，其成功的要旨是疏导。为此必须"望山川之形，定高下之势"（见赵爽注）。在测量的实践中，大禹时代的人，也许大禹本人，已积累了不少数学的知识和用矩的经验，为发现矩的勾股弦三条边的关系打下了基础，促进了数学的发展。

〔26〕昏垫：迷惘沉溺，指困于水灾。

## 【译文】

从前，周公问算数于商高说："我早已听说大夫您是位擅长于数学的人。周公姓姬名旦，是周武王的弟弟。商高是周代杰出的大夫，擅长于数学的人士。周公身居宰相之位，德行堪比卓绝的圣人，尚且屈尊降贵严格要求自己，不耻下

问而求透彻了解，何况平常人呢？请问古时伏羲建立周天测量度数，伏羲是三皇之一，八卦的创始人。以商高杰出的数学造诣，既能通达微妙之处，也能通达无边无际，可说是宏大到没有不能包括的，幽深到没有不能彰显的，知晓伏羲建立周天测量度数，建立古代历法。《易经》说："古代伏羲氏统领天下的时候，抬头仰观天象，低头俯察地形。"说的就是这个。可是天没有台阶可供攀登，地也不适合以尺去度量尺寸，天邈邈极其遥远宽广，没有台阶可供攀登；地荡荡极其退远，没有尺度可去度量。请问这些数是从何处得来的？"心中不明它的关键，请教来龙去脉。商高说："数学的方法出于圆和方的数理特性。圆的直径为一则周长为三，正方形的边长为一则周长为四。伸展圆的周长作为勾，伸展正方形的周长作为股，两端相连成为一直角三角形，斜边正好等于弦五。这是圆方斜径彼此相通之关系，所以说"数之法出于圆方"。圆和方这两样东西，隐含天地之形、阴阳之数。所以周公所问的是天地，而商高以圆方之形解释，用以写意其形象；用奇耦之数来解释，用以说明其变化。这正是用言简约而旨意深远，无论大小深远都能讲通了。圆可由方的数理特性推导，方可由矩的直角数理特性推导，圆规之数，是以方推理而来。方，指多边形的周长。长方形，是以矩作出的。矩，长和宽的曲尺也。矩的数理原理出于乘除法则。推算圆方之间、长宽之间的数学关系，必须以乘除来计算。九九表，是乘法的根本。所以将矩形对角一折为二得两个相等直角三角形，故，是说明某事的开头语。将设勾股的比率，所以称折矩。假设折矩所得直角三角形的勾（即短边）等于三 [单位]，与圆的周长相应，横的叫做广，勾也是广。广，就是短。股（即长边）等于四 [单位]，与方的周长相应，纵的叫做修，股也是修。修，就是长。那么径（即弦，斜边之长）就等于五 [单位]。按自然规律得出的比率。径，直接距离；隅，就是角。径隅也叫做弦。在直角三角形之外，以径（斜边）为边作正方形，取半个长方形。勾股之法，先知二数然后推算另一数。有了勾、股然后求弦：勾、股先各自平方成其面积，有了这些面积就有了变换的基础，就可实行各种变换，所以说"既方之外"。若将勾平方和股平方相加可以求弦平方；如果从弦平方求勾股之间的分配，勾平方、股平方面积不一定相等，交替取勾或股的数值，都可得对应的股或勾的数值；所以叫"半其一矩"。其方法是：勾、股各自平方，根据三四五特例，即三三得九，四四一十六，加起来等于弦平方的面积二十五；从弦平方减去勾平方，得股平方一十六；从弦平方减去股平方，得勾平方九。环绕正方形一周，共同形成一方盘。由此推导，得以成立三四五数理关系（今称为勾股定理），盘，读若盘桓的盘。指取其加减的面积，环绕而共同形成一方盘。开方求解，得其一边。所以说"得成三四五"数理关系也。[因为由构图得中方面积为方盘面积减两矩面积，从而推导得径方面积等于] 勾方和股方两个正方形的面积，共长二十有五〔单位〕。这种推导法就是所谓的'积矩'法。两矩,勾、股各自平方的面积。共长,指的是此面积之和。此推导法及数理关系(即勾股定理)可应用于许许多多场合,故在此先作勾股定理的简明表述。所以大禹治天下洪水,积累了不少数学的知识和用矩的经验,促进此数学的发展。"禹治洪水,导引江河水流。观察山川之形,测定高低之势。解救滔天之灾,解除水灾的苦难,使江河东注于海,而不会淹没倒灌。这是勾股术的来源。

## (二) 用矩之道

周公曰:"大哉言数,心达数术之意,故发"大哉"之叹。请问用矩之道?"谓用表之宜,测望之法。商高曰:"平矩以正绳[1],以水绳之正,定平悬之体,将欲慎毫厘之差,防千里之失。偃矩以望高[2],覆矩以测深[3],卧矩以知远[4],言施用无方[5],曲从其事[6],术在《九章》[7]。环矩以为圆[8],合矩以为方[9]。既以追寻情理,又可造制圆方。言矩之于物,无所不至。方属地,圆属天,天圆地方[10]。物有圆方,数有奇耦[11]。天动为圆,其数奇;地静为方,其数耦。此配阴阳之义,非实天地之体也。天不可穷而见,地不可尽而观,岂能定其圆方乎?又曰:"北极之下高人所居六万里,滂沱四隤而下。天之中央亦高四旁六万里。"[12]是为形状同归而不殊途[13],隆高齐轨而易以陈[14]。故曰"天似盖笠,地法覆槃"[15]。方数为典,以方出圆[16]。夫体方则度影正,形圆则审实难。盖方者有常,而圆者多变,故当制法而理之。理之法者:半周、半径相乘则得圆矣[17];又可周、径相乘,四而一[18];又可径自乘,三之,四而一[19];又可周自乘,十二而一[20]:故"圆出于方"。笠以写天[21],笠亦如盖,其形正圆,戴之所以象天。写,犹象也。言笠之体象天之形。《诗》云"何蓑何笠[22]",此之义也。天青黑,地黄赤。天数之为笠也[23],青黑为表,丹黄为里,以象天地之位[24]。既象其形,又法其位。言相方类[25],不亦似乎?是故,知地者智,知天者圣。言天之高大,地之广远,自非圣智,其孰能与于此乎?智出于勾[26],勾亦影也。察勾之损益,知物之高远,故曰"智出于勾"。勾出于矩[27]。矩谓之表。表不移,亦为勾。为勾将正[28],故曰"勾出于矩"焉。夫矩之于数,其裁制[29]万物,惟所为耳。"言包含几微,转通旋还[30]也。周公曰:"善哉!"善哉，言明晓之意。所谓问一事而万事达。

**【注释】**

〔1〕平矩以正绳：利用矩的直角以铅垂绳校正水平线。这是测量必须预备的实际条件。《周髀算经》有两处提到"平矩"。另一处在卷下"立二十八宿以周天历度之法"中，称"令其平矩以水正"。这两个"平矩"的意义相同。正绳：以铅垂绳之正校定水平线。

〔2〕偃矩以望高：把矩仰立放，可测高度 $PQ$。偃：仰。(图三·偃矩以望高)

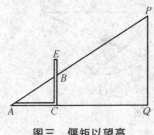 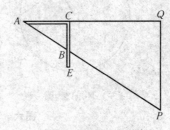

图三　偃矩以望高　　　　　　图四　覆矩以测深

图中 P 点的高度 $PQ = AQ\dfrac{BC}{AC}$。　　　　　　(1-1-3)

〔3〕覆矩以测深：把矩倒置，可测深度 $PQ$。将图三上下翻转180°，就是图四·覆矩以测深。

〔4〕卧矩以知远：把矩卧放与地面平行，可测两点的水平距离 $PQ$ 或斜距 $AP$。如地面两地间由于阻隔，不能直接测量水平距离或斜距，可利用相似直角三角形的比例关系求得。(图五·卧矩以知远)

〔5〕无方：无方向限制，各方向均可测量。

〔6〕曲从其事：谓根据需要，灵活应用。

〔7〕《九章》：《九章算术》。《九章算术》是集先秦至西汉数学知识之大成的著作，共分九章：方田、粟米、衰分、少广、商功、均输、盈不足、方程、勾股。勾股章讨论了用勾股定理解应用题，勾股容圆和勾股容方问题，以及勾股测量问题。

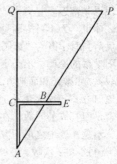

图五　卧矩以知远

〔8〕环矩以为圆：把矩当圆规，环旋一周，可以得到圆形。其义有两解：有些学者（如陈遵妫）理解为以矩的一端为枢，旋转另一端，可以成圆（参见图六左）；有些学者（如李俨、梁宗巨等）理解为把矩的斜边固定，使两直角边变化，但保持顶角为直角，则顶角的轨迹是圆（参见图六

右），即商高先于古希腊的泰勒斯已发现立于直径上的圆周角为直角这一定理。泰勒斯（Thales，约公元前七世纪至前六世纪）：古希腊自然哲学家、天文学家、数学家，希腊最早的哲学学派——米利都学派的创始人。他引入了命题证明的思想，将不少平面几何学的定理整理成一般性的命题，论证了它们的严格性。

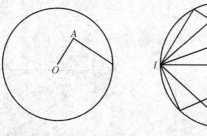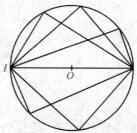

（左）环矩以为圆一解　　　　（右）环矩以为圆又一解

**图六　环矩以为圆**

〔9〕合矩以为方：将两矩相合，可得长方形，如矩之勾股相等则得正方形。

〔10〕方属地，圆属天，天圆地方：谓观测地的数理来自方，观测天的数理来自圆，所以说"天圆地方"。有些学者把商高这句话视为是叙述天地模型，并猜测良渚文化的玉琮或许是体现这一概念的实物。这看法应商榷，不仅是因为商高所说的"天圆地方"不是指天地之形，而且"地方"概念的文字记载出现得非常迟。赵爽为"天圆地方"作出如下评论："此配阴阳之义，非实天地之体也。天不可穷而见，地不可尽而观，岂能定其圆方乎?"由此可见，赵爽反对当时学者对"天圆地方"的理解和看法。他认为"天圆地方"是形而上阴阳学派的论调，不合商高之意。早在赵爽之前，曾参对"天圆地方"有下列批驳："如诚天圆而地方，则四角之不揜也……参尝闻之夫子曰：'天道曰圆，地道曰方'"（《大戴礼记·曾子·天圆》）。曾参所言与商高之言相符合。商高所言是回答周公问数学在观测天地上的应用后，对观测天地的数学来源作一总结，不是在谈地之形为方。

〔11〕耦：偶数。

〔12〕北极之下高人所居六万里，滂沱四隤而下。天之中央亦高四旁六万里：这是赵爽所引《周髀算经》的原文，详见《周髀算经》卷下"盖天天地模型"。

〔13〕形状同归而不殊途：天地形状结构相似，形成的机制也相同。

〔14〕隆高齐轨而易以陈：中央隆起的高度整齐划一而不同者只是上下位置。隆高：中央隆起的高度。齐轨：象轨道般整齐。易：变易。陈：陈列，

布置。

〔15〕天似盖笠，地法覆槃：赵爽在此所引八字与《周髀算经》的原文略有不同，《周髀算经》的原文为"天象盖笠，地法覆槃"，详见《周髀算经》卷下"盖天天地模型"。

〔16〕方数为典，以方出圆：以方之数理为基础，借鉴处理方的办法推导出圆之理。这是商高为其"或毁方而为圆，或破圆而为方"之法所作的原理概述。

〔17〕半周、半径相乘则得圆矣：赵爽在此给出求圆面积的一个正确公式，以现代符号表达即 $\pi R^2$（$R$ 为半径，$\pi R$ 为半周，$\pi$ 为圆周率）。在商高时代取约值 3 为圆周率，得 $3R^2$。这是当时认可的圆面积（见"商高篇二、勾股圆方图"之注〔3〕和注〔4〕）。传本此赵注误为"半周、半径相乘则得方矣"，赵爽在注中不仅多次用 $3R^2$ 为圆面积而且用 $4R^2$ 为其外切正方形的面积，故改注中"得方矣"为"得圆矣"。

〔18〕又可周、径相乘，四而一：又可以将周 $2\pi R$、径 $2R$ 相乘得 $4\pi R^2$，除以 4 得 $\pi R^2$。取约值 3 为圆周率，得 $3R^2$。

〔19〕又可径自乘，三之，四而一：又可以将径 $2R$ 自乘得 $4R^2$，乘以圆周率约值 3 得 $12R^2$，除以 4 得 $3R^2$。

〔20〕又可周自乘，十二而一：又可以将周 $2\pi R$ 自乘得 $4(\pi R)^2$ 除以 12 得 $\frac{1}{3}(\pi R)^2$。取约值 3 为圆周率，得 $3R^2$。

〔21〕笠以写天：以笠写意天。在此"写天"的含义不仅只是以笠描绘天的形态特征圆，笠也当写意商高时代对天所理解的其他特征。譬如天的包盖功能，盖天说是由此功能而得名。笠：斗笠；写：写意，重在表达意境而不拘泥于形态。

〔22〕何蓑何笠：出自《诗·小雅·无羊》："尔牧来思，何蓑何笠，或负其糇。"底本作"何蓑何苙"，此据胡刻本改。

〔23〕天数之为笠也：以笠来表现天之数理特质。从"笠以写天"到"天数之为笠也"，商高将"笠"从日常的"斗笠"升华为周髀家的科学术语。那就是说周髀的"笠"不仅意味着天体自行运行之形状，而且也指天盖的结构和功能。值得注意的是：古代希腊天文学家把天看成是多层晶体、每层粘有天体，天体运行是由晶体旋转所带动；古代印度宇宙论以为天上有着一系列的同轴天轮，天神靠风力推动天轮携带着各种天体绕北极星旋转；而古代中国周髀家的天是一个可让天体在其中自行运行的天，不是一个硬而实心的固体天。如《吕氏春秋·季春纪·圜道》说："何以说天道之圜也？精气一上一下，圜周复杂，无所稽留，故曰天道圜。"由于"笠"的高度概括，商高以后的学者以笠的形状对古代天体形态作出多种探讨和猜测。譬如，《太平御览》引祖暅《天文

录》云："盖天之说，又有三体：一云天如车盖，游乎八极之中；一云天形如笠，中央高而四边下；一云天如倚车盖，南高北下。"天数：天道之数，天体运行的数理特质。

〔24〕青黑为表，丹黄为里，以象天地之位：以天色青黑为其外表，以地色黄赤为其里面，用来象征天地方位。商高在此叙述如何利用天色和地色给"写天"之笠定方位。

〔25〕相方类：相仿、相类似。

〔26〕智出于勾：智出自善于设勾测量的才华。

〔27〕勾出于矩：把矩固定作表，可以测量出勾影。

〔28〕为勾将正：以表为矩可得正勾（表影）。

〔29〕裁制：测算制作。

〔30〕转通旋还：各种各样的变换。

【译文】

周公说："讨论数的问题，意义重大！心中明白数术的意义，所以发出"大哉"的感叹。请问用矩的方法。"指用矩作表的事宜，测望的方法。商高答道："利用矩的直角边和重垂线，可确定水平面。以水平和悬绳之正，确定水平和垂直的物体，这是为了慎防差之毫厘，失之千里。把矩仰立放，可测高度。把矩倒置，可测深度。把矩卧放与地面平行，可测水平距离的长度。这是说施用无方向限制，可随目标物的变化来应用，其方法载在《九章算术》。把矩环旋一周，可以得到圆形。将两矩相合，可得方形。既可以追寻情理，又可以造制圆和方。讲矩对于各种事物的应用，无所不至。方的数理应用于观测地，圆的数理应用于观测天，所以称天圆地方。物有圆、方，数有奇、耦。天动为圆，其数是奇数；地静为方，其数是偶数。这是为了配合阴阳之义，不是对天地实体的定义。看天不可能穷尽，观地不可能穷尽，岂能确定它们是圆是方？又说："北极之下高人所居六万里，滂沱四隤而下。天之中央亦高四旁六万里。"这说明天上地下形状结构均相似，中央隆起的高度整齐划一，而不同者只是上下位置。所以说"天似盖笠，地法覆槃"。以方的数理为基础，以处理方的方法推导出圆之数理。方的物体，测影正确；圆形的物体，面积都难算。其原因是方者纵横有序，而圆者多变难算，所以要研制法则来处理它。处理的法则：半周、半径相乘则得圆面积了；又可周、径相乘，除以四；又可径自乘，乘以三，除以四；又可周自乘，除以十二；（均得圆面积，）所以说"圆出于方"。笠可用来写意天的功能与表现天的形态，笠也如圆盖，其形状正圆，戴在地上面所以象天。写，象的意思。说笠之形体象天的形状。《诗经》说"何蓑何笠"，就是这个意思。天色青黑，地色黄赤。

以笠来写意天的数理特质，天色青黑为其外表，地色黄赤为其里面，以此象征天地方位。既显示其形态，又表明其位置。用类似之物作比喻，能说不相似吗？所以说，通晓地上事物的是智者，理解天上事物的是圣人。说以天之高大，地之广远，除了圣人智者，谁能达到这个水平？智出自善于设勾测量的才华，勾即表影。观察勾（表影）的增减，可知目标物之高远，所以说"智出于勾"。把矩固定作表，可以测量出勾影。矩用作表。将表固定，亦得勾（表影）。以表为矩可得正勾（表影），所以说"勾出于矩"也。矩对于算数应用的重要性，在于测算制作万物，用起来得心应手。"讲矩包含精妙的机制，可作各种各样的变换。周公说："好极了！"善哉：谓清楚理解后，表示赞同。这是所谓举一反三，问明一事而万事皆已明晓。

## 二、勾股圆方图[1]

此方圆之法[2]。此言求圆于方之法[3]。

万物周事而圆方用焉，大匠造制而规矩设焉。或毁方而为圆，或破圆而为方[4]。圆中为方者谓之方圆，方中为圆者谓之圆方也[5]。

**【注释】**

〔1〕勾股圆方图：这是勾股图和圆方图的题名（参看图七）。底本仅剩此题名而原图已佚，留下一个有标题而无图的空白页（图八，采自南宋本页三正面）。有些校勘者曾指出此处有脱误，但未深入研讨。今依照商高叙述积矩法推导勾股定理的原文复原（参看图二·商高勾股图右）。复原的商高勾股图与赵爽勾股图的外弦图相同（参见图十），因此补正的商高勾股图，可从赵爽勾股图中取出（见图九）。又，商高的圆方图在底本中误刊于《陈子篇》的"七衡图"之前（参见图九），此图的标题："圆方图"和"方圆图"与商高原文"圆中为方者谓之方圆，方中为圆者谓之圆方也"的含义正相反，现依原文相应地校改为："方圆图"和"圆方图"。

〔2〕此方圆之法：这是商高指方圆术的叙文和其图示而言。方圆术叙文是否衍文或错简，学术界颇有分歧。譬如，顾观光《校勘记》认为南宋本有误，方圆术叙文"必衍文也"。我们认为，方圆、圆方图和方圆术叙文都出于《商高篇》，是商高上文所说"数之法出于圆方，圆出于方"的续文，正如赵爽所注"此言求圆于方之法"。

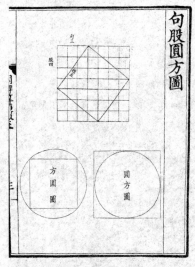 

图七 商高勾股圆方图（补正）　　图八 底本"勾股圆方图"留空白书影

〔3〕分析图九可见，方圆图和圆方图中的两个圆大小相等，都可视为是直径为一的单位圆。方圆图中圆内有一内接正方形，可称为小方。圆方图中圆外有一相切的正方形，其边长为 1 〔单位〕，周长为 4 〔单位〕，面积为 1 〔单位〕，可称为大方或单位方。小方的对角线正是圆直径，由勾股定理得小方边长 $\frac{1}{2}\sqrt{2}$ 〔单位〕，其周长为 $2\sqrt{2}$ 〔单位〕，面积为 $\frac{1}{2}$ 〔单位〕。单位圆的圆周率 π 在数值上与周长相同，所以

$$2\sqrt{2} < \pi < 4。 \tag{1-2-1}$$

由此得知圆周率必在 $2\sqrt{2}$ 和 4 之间，这正是方圆图和圆方图示意之一（参阅程贞一《黄钟大吕：中国古代和十六世纪声学成就》，王翼勋译，2007 年，第 118—119 页）。《周髀算经》所用的圆周率是 3，介于 $2\sqrt{2}$ 和 4 之间。惜底本等传本中没有记录圆周率 3 的推算细节，但在方圆叙文中，商高提出了推导方法。

〔4〕或毁方而为圆，或破圆而为方：求圆于方，或需损方〔为多边形〕作为圆〔的更好近似〕，或需割圆〔为多块弧形〕作为多边形〔的推算极限〕。由此求圆于方的方法，商高归纳出"圆出于方"的概念。如把方圆图之单位圆中的内接正方变形为正六边形，得周边长 3 〔单位〕；如把单位圆中的内接正方变形为正八边形，得周边长 3.06 〔单位〕。《周髀算经》中所用的圆周率

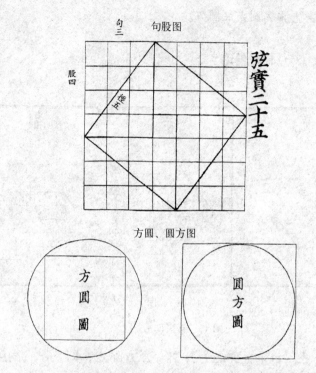

图九　商高勾股图（补正）和商高方圆、圆方图（复原图）

是 3。

〔5〕圆中为方者谓之方圆，方中为圆者谓之圆方也：方圆图是由内接方向外推算圆的示意图；圆方图是由外切方向内推算圆的示意图。与赵爽同时代的刘徽在其著名的《九章算术注》中，继承了商高的破圆术，将其发展为割圆术。割圆术：用圆内接正多边形的面积去无限逼近圆面积以此求取圆面积的方法。刘徽从圆内接等边三角形出发，一步步由内接正六边形一直扩展到内接正192 边形，以趋近圆面积，得到近似圆周率 3.14 强。

【译文】

　　这是方圆之法。这说明求圆于方的方法。

　　周围的万事万物都要用到圆和方，大匠为制造而设规和矩。求圆于方或需变正方形为多边形作为圆的更好近似形，或需割圆形为多块弧形作为多边形面积的推算。由内接方向外推算圆谓之方圆，由外切方向内推算圆谓之圆方。

## 赵爽附录（一）：勾股论[1]

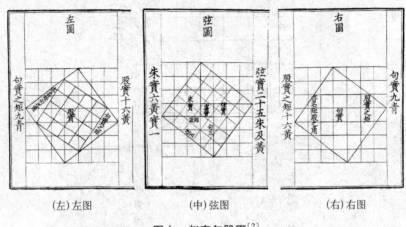

（左）左图　　　　（中）弦图　　　　（右）右图

**图十　赵爽勾股图[2]**

勾、股各自乘，并之为弦实。开方除之，即弦[3]。案弦图：又可以勾、股相乘为朱实二，倍之，为朱实四。以勾、股之差自相乘，为中黄实。加差实，亦成弦实[4]。

以差实减弦实，半其余，以差为从法，开方除之，复得勾矣[5]。加差于勾，即股[6]。凡并勾、股之实，即成弦实[7]。或矩于内，或方于外[8]。形诡而量均，体殊而数齐[9]。

勾实之矩以股弦差为广，股弦并为袤；而股实方其里。减矩勾之实于弦实，开其余，即股[10]。倍股在两边为从法。开矩勾之角，即股弦差，加股为弦[11]。以差除勾实，得股弦并。以并除勾实，亦得股弦差。令并自乘，与勾实为实，倍并为法，所得亦弦。勾实减并自乘，如法为股[12]。

股实之矩以勾弦差为广，勾弦并为袤，而勾实方其里。减矩股之实于弦实，开其余，即勾[13]。倍勾在两边为从法。开矩股之角，即勾弦差，加勾为弦[14]。以差除股实，得勾弦并。以并除股实，亦得勾弦差。令并自乘，与股实为实，倍并为法，所得亦弦。股实减并自乘，如法为勾[15]。

两差相乘倍而开之，所得以股弦差增之为勾。以勾弦差增之为股。两差增之为弦[16]。倍弦实，列勾股差实，见弦实者，以图考之：倍弦实，满外大方，而多黄实。黄实之多，即勾股差实。以差实减之，开其余，得外大方。大方之面，即勾股并也。令并自乘，倍弦实乃减之，开其余，得中黄方。黄方之面即勾股差[17]。以差减并而半之，为勾；加差于并而半之，为股；[18]其倍弦为弦广袤差并合[19]。令勾、股见者，互乘为其实[20]，四实以减之，开其余，所得为差。以差减合，半其余为广。减广于合为袤[21]，即所求也[22]。观其迭相规矩[23]，共为返覆，互与通分，各有所得。然则统叙群伦，弘纪众理，贯幽入微，钩深致远。故曰"其裁制万物，唯所为之也"[24]。

**【注释】**

〔1〕赵爽注《周髀·商高篇》，附撰了一篇数学论文，文中提到"观其迭相规矩，共为返覆，互与通分，各有所得"。可见此文包含勾股术和方圆术。惜现传赵爽附撰论文中仅存论勾股内容，有关论方圆的内容已佚。在此，把现传论文列为赵爽附录并拟"勾股论"为标题。赵爽的论文是一篇十分有价值的文献，也是现存最早的一篇中国古代论文式的数学文献。阮元《畴人传》称道："五百余言耳，而后人数千言所不能详者，皆包蕴无遗，精深简括，诚算氏之最也。"此论文虽仅五百余字，却不仅概括总结了中国古代勾股术的辉煌成就，而且论述了他所开拓的方程研究。钱宝琮曾补绘"勾股圆方图"并予以解说。本书是根据程页一"圣迭戈加州大学中国研究 170 课目自然科学史讲义（1986 年）"注解。

〔2〕图十是底本《周髀算经》中的弦图、左图和右图，系赵爽所绘。

〔3〕勾、股各自乘，并之为弦实。开方除之，即弦：这是赵爽对勾股定理的明确表述。并：加在一起。实：面积。弦实：以弦为边的正方形的面积。

〔4〕案弦图：又可以勾、股相乘为朱实二，倍之，为朱实四。以勾、股之差自相乘，为中黄实。加差实，亦成弦实：按商高弦图（见图二·商高勾股图

右）得：

$$c^2 = 4\left(\frac{1}{2}ab\right) + (b-a)^2 = a^2 + b^2 \qquad (1-2-2)$$

朱实：弦方之内的每个勾股三角形的面积。黄实：中间的小正方形的面积。赵爽在此简捷地推导得成了勾股定理。值得注意的是赵爽的措辞"又可以"和"亦成弦实"，说明他充分地理解商高给勾股定理的推导，并将他自己的推导视为商高推导勾股定理的另一个选择（参阅程贞一《商高的解剖证明法》，1987，第40页）。这也说明在赵爽时代对商高推导勾股定理的得成已有正确的认识。赵爽和商高两推导之间的关系可由分析弦图分辨。如果把赵爽勾股图的左图、弦图、右图三个图中弦实之内的不同结构除掉（参见图十），所剩下来的是三个同样的图，而且这图与商高弦图一样（参见图二的右图）。这意味着赵爽勾股图可能是由商高弦图演变而得，因为图十中的弦图实际是一个重迭弦图，其外弦图是商高弦图，其内弦图是赵爽弦图（参见图十一）。

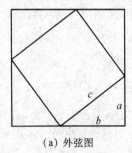 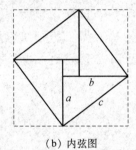

（a）外弦图  （b）内弦图

**图十一　外弦图和内弦图**

由图十一可见，赵爽勾股图的弦图是把自己所作的弦图填入商高弦图中的空白弦方上而构成的。两弦图所提供勾股定理的推导主要区别在于应用不同代数展式。商高弦图应用展式：

$$(b+a)^2 = a^2 + 2(ab) + b^2 \,(参见图十二左) \qquad (1-2-3)$$

而赵爽弦图应用展式：

$$(b-a)^2 = a^2 - 2(ab) + b^2 \,(参见图十二右) \qquad (1-2-4)$$

〔5〕以差实减弦实，半其余，以差为从法，开方除之，复得勾矣：以差实 $(b-a)^2$ 减弦实 $c^2$，半其余 $\frac{1}{2}\left[c^2 - (b-a)^2\right]$ 得

$$\frac{1}{2}\left[c^2 - (b-a)^2\right] = ab \qquad (1-2-5)$$

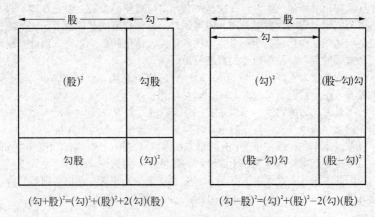

图十二　代数展式与几何的关系

如图十三所示，此为弦图中之一矩，其宽是勾 $a$，其长是股 $b$，长宽差是 $(b-a)$。

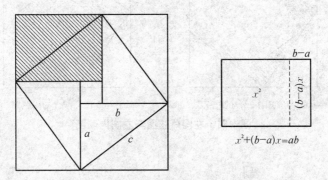

图十三　求矩形勾 $a$ 二次开方式解析图

赵爽在此指出，如把图十三右图的勾股差 $(b-a)$ 视为二次开方式中之从法，那么勾 $a$ 可由开二次开方式求得。"从法"是中国古代数学术语，即方程的一次项系数。因此，若设勾 $a$ 为 $x$，那么带从平方式可用现代数学式书写如下（参见图十三右图）：

$$x^2 + (b-a)x = ab \qquad (1-2-6)$$

把此方程开方除之，由一次项系数 $b-a$ 和常数 $ab$ 可解得勾 $a$。那就是说，勾 $a$ 是方程式（$1-2-6$）的一个通解根。在赵爽时代，带从法已是数学界数值解方程的普通知识。在此，赵爽的兴趣不在数值解方程而在利用从法设二次方程，从而得出分析解二次方程。这是一个几何代数化的步骤。由此步骤，赵爽开拓了分析解方程的代数学研究。值得注意的是，赵爽的整篇数学论文，不论是分析叙述或演绎推导，全是以数学技术名词表达他的数学思路。因此，他的分析和推导的成果都是一般性的数理关系。

〔6〕加差于勾，即股：$a + (b - a) = b$。那就是说，已解得勾 $a$，另一未知数股 $b$ 可由所给差 $(b - a)$〔或实 $ab$〕求得。

〔7〕凡并勾、股之实，即成弦实：那就是说，勾股定理 $a^2 + b^2 = c^2$ 是一个普遍性的数学原理。不需特定数值，其勾实、股实之和必等于其弦实。

〔8〕或矩于内，或方于外：有的矩方在内部，如内弦图；有的矩方在外部，如外弦图。在此所指的是如图十四所示的各种弦图的结构。图十四之 a 图是赵爽勾股图的左图（见图十左）示意由外弦图所演变出来含有几何系列数学内容的旋方图（见图十五）。图十四之 b 图示意内、外弦图相迭的几何结构。

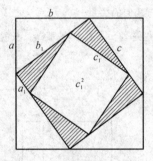

（a）与左图相配合的外弦图

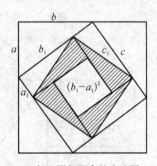

（b）与左图相配合的内弦图

图十四　左图外弦图与左图内弦图

（a）赵爽左图

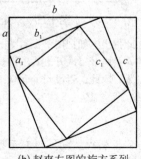

（b）赵爽左图的旋方系列

图十五　赵爽左图及其旋方系列

〔9〕形诡而量均，体殊而数齐：虽然各形象变化可有多种多样，但是其合并形象的量度始终均等；虽然各面积尺寸可有大小不同，但是其合并面积的总和始终齐一。这是赵爽陈述积矩法在推导演变中的面积组合转变原理。此陈述说明在积矩推导中，当由一面积组合转变到另一面积组合，其内部不同形状面积的合并必须形成同一组合量度，其内部不同尺寸面积的总和必须等于同一组合总数。赵爽的"组合转变原理"是推导演变的一个基本理论。不仅出现于上述勾股定理两个不同的推导，同时也应用于赵爽上述以从法设二次方程的推导（参见图十三）。赵爽的"组合转变原理"和刘徽的"出入相补原理"不约而同地奠定了商高积矩推导法的理论和应用。在公元十七世纪，当商高积矩推导法出现于欧洲时，被欧洲数学界称为"解剖证明法（Dissection Proof）"。

〔10〕勾实之矩以股弦差为广，股弦并为袤；而股实方其里。减矩勾之实于弦实，开其余，即股："勾实之矩"可将赵爽左图中央的股实 $b^2$ 移至一角而得到，如图十六（b）所示弦实分为一个以股为边长的正方形和一个"勾实之矩"。因此"勾实之矩"的面积 $a^2$ 即 $c^2 - b^2$，等于以股弦差 $c - b$ 为宽、股弦和 $c + b$ 为长的矩形面积，即 $a^2 = (c + b)(c - b)$。若减矩勾之实于弦实 $c^2 - (c + b)(c - b)$，然后开其余，即得股 $b = \sqrt{c^2 - (c + b)(c - b)}$。广：宽；袤（mào）：长。

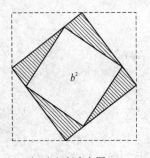

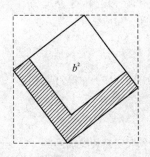

（a）赵爽左图 （b）勾实之矩

**图十六 比较赵爽左图和勾实之矩**

〔11〕倍股在两边为从法。开矩勾之角，即股弦差，加股为弦：若是拿两边股之和 $2b$ 为二次开方式的一次项系数（参见图十七），解"矩勾之角"二次开方式得股弦差为根，加股于根得弦，如图十七所示。若设未知数股弦差 $c - b$ 为 $x$，"矩勾之角"的开方式如下：

$$x^2 + 2bx = a^2 。 \tag{1-2-7}$$

由此可见，已知"矩勾之角"的股和勾实 $a^2$，从分析解方程（$1-2-7$）可间接求得弦 $c$。

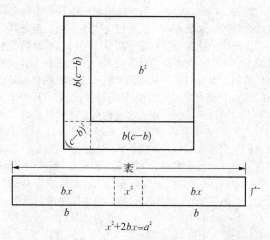

$$x^2 + 2bx = a^2$$

**图十七 求股弦差（$c-b$）二次开方式解析图**

〔12〕以差除勾实，得股弦并。以并除勾实，亦得股弦差。令并自乘，与勾实为实，倍并为法，所得亦弦。勾实减并自乘，如法为股：由勾实之矩（见图十七和注〔10〕）得 $a^2 = 2b(c-b) + (c-b)^2 = (c+b)(c-b)$。因此，以差除勾实，得股弦并：

$$(c+b) = \frac{a^2}{(c-b)}, \qquad (1-2-8)$$

以并除勾实，亦得勾弦差：

$$(c-b) = \frac{a^2}{(c+b)}, \qquad (1-2-9)$$

由勾股定律和展式 $(c+b)^2 = c^2 + 2bc + b^2$ 得恒等式 $(c+b)^2 + a^2 = 2c^2 + 2bc = 2c(c+b)$。因此，令并自乘与勾实为实，倍并为法，所得亦弦：

$$c = \frac{(c+b)^2 + a^2}{2(c+b)}, \qquad (1-2-10)$$

同时，由勾股定律和展式 $(c+b)^2 = c^2 + 2bc + b^2$，也可得恒等式 $(c+b)^2 - a^2 = 2b^2 + 2bc = 2b(c+b)$。故勾实减并自乘，如法为股：

$$b = \frac{(c+b)^2 - a^2}{2(c+b)}。 \qquad (1-2-11)$$

〔13〕股实之矩以勾弦差为广，勾弦并为袤，而勾实方其里。减矩股之实于弦实，开其余，即勾："股实之矩"可将赵爽右图中央的勾实 $a^2$ 移至一角而

得到，如图十八（b）所示弦实分为一个以勾为边长的正方形和一个"股实之矩"。因此，"股实之矩"的面积 $b^2$ 即 $c^2 - a^2$，等于以勾弦差 $c - a$ 为宽、勾弦和 $c + a$ 为长的矩形面积。以代数式表示，即 $b^2 = (c + a)(c - a)$。若减矩股之实于弦实 $c^2 - (c + a)(c - a)$，然后将余数开方，即得勾 $a = \sqrt{c^2 - (c + a)(c - a)}$。

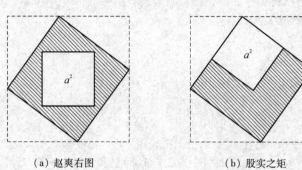

（a）赵爽右图　　　　　　　　（b）股实之矩

**图十八　比较赵爽右图和股实之矩**

〔14〕倍勾在两边为从法。开矩股之角，即勾弦差，加勾为弦：若是拿两边勾之和 $2a$ 为二次开方式的一次项系数（参见图十九），解"矩股之角"二次开方式得勾弦差为根，加勾于根得弦，如图十九所示。若设未知数勾弦差 $c - a$ 为 $x$，"矩股之角"的开方式如下：

$$x^2 + 2ax = b^2。 \tag{1-2-12}$$

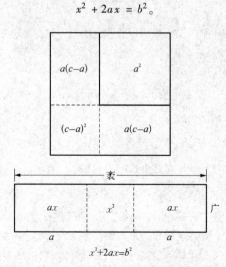

$$x^2 + 2ax = b^2$$

**图十九　求勾弦差（$c - a$）二次开方式解析图**

由此可见，已知"矩股之角"的勾和股实 $b^2$，从分析解方程（1-2-12）可间接得弦 $c$。

〔15〕以差除股实，得勾弦并。以并除股实，亦得勾弦差。令并自乘，与股实为实，倍并为法，所得亦弦。股实减并自乘，如法为勾：由勾实之矩（见图十九和注〔13〕）得 $b^2 = 2a(c-a) + (c-a)^2 = (c+a)(c-a)$。因此，以差除股实，得股弦并：

$$(c+a) = \frac{b^2}{(c-a)}, \qquad (1-2-13)$$

以并除股实，亦得勾弦差：

$$(c-a) = \frac{b^2}{(c+a)}, \qquad (1-2-14)$$

由勾股定律和展式 $(c+a)^2 = c^2 + 2ac + a^2$ 得恒等式 $(c+a)^2 + b^2 = 2c^2 + 2ac = 2c(c+a)$。因此，令并自乘与勾实为实，倍并为法，所得亦弦：

$$c = \frac{(c+a)^2 + b^2}{2(c+a)}, \qquad (1-2-15)$$

同时，由勾股定律和展式 $(c+a)^2 = c^2 + 2ac + a^2$，也可得恒等式 $(c+a)^2 - b^2 = 2a^2 + 2ac = 2a(c+a)$。故股实减并自乘，如法为股：

$$a = \frac{(c+a)^2 - b^2}{2(c+a)}。 \qquad (1-2-16)$$

〔16〕两差相乘倍而开之，所得以股弦差增之为勾。以勾弦差增之为股。两差增之为弦：两差之乘者，即 $(c-a)(c-b)$，倍而开之得 $\sqrt{2(c-a)(c-b)}$，加上股弦差 $(c-b)$ 得勾：

$$a = \sqrt{2(c-a)(c-b)} + (c-b) \qquad (1-2-17)$$

以勾弦差 $(c-a)$ 增之为股：

$$b = \sqrt{2(c-a)(c-b)} + (c-a) \qquad (1-2-18)$$

以两差 $(c-a)$ 和 $(c-b)$ 增之为弦：

$$c = \sqrt{2(c-a)(c-b)} + (c-a) + (c-b) \qquad (1-2-19)$$

显然，此勾、股、弦三公式有相联关系，求一而得三。在此，赵爽没有说明勾的公式（1-2-17）是如何推导而来。如将图十八（b）中的股实之矩图旋转 180 度，合在图十六（b）勾实之矩的图上，即得图二十勾实之矩和股实之矩两者的重迭图。图中阴影部分为股实 $b^2$ 和勾实 $a^2$ 相重迭形成的小正方形，其面

积为 $(a+b-c)^2$。相对的两个小矩形的面积都是 $(c-a)(c-b)$。由图二十可见

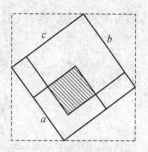

$$c^2 - 2(c-a)(c-b) = a^2 + b^2 - (a+b-c)^2$$

根据勾股定理，推得

$$2(c-a)(c-b) = (a+b-c)^2,$$

开方即得

$$\sqrt{2(c-a)(c-b)} = a+b-c。$$

$$(1-2-17')$$

图二十　股实之矩和勾实
之矩重迭图

这就是勾的公式（1-2-17），因而可得上述求勾、股和弦的一组公式。

〔17〕倍弦实，列勾股差实；见弦实者，以图考之：倍弦实，满外大方，而多黄实。黄实之多，即勾股差实。以差实减之，开其余，得外大方。大方之面，即勾股并也。令并自乘，倍弦实乃减之，开其余，得中黄方。黄方之面即勾股差：赵爽在这段推演中提到"以图考之"。图二十一提供两个外大方图以供分析这段推演。（a）的弦图式外大方图是由赵爽弦图（参见图十中）演变而得。（b）的旋方式外大方图是由赵爽旋方图（参见图十左）演变而得。根据弦图式外大方图（a），倍弦实 $2c^2$，出入相补地填满外大方 $(b+a)^2$，但是多出一个黄实 $(b-a)^2$，故

$$2c^2 - (b-a)^2 = (b+a)^2 \qquad (1-2-20)$$

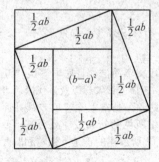

（a）弦图式外大方图

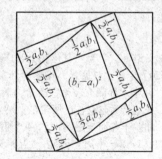

（b）旋方式外大方图

图二十一　外大方图

根据旋方式外大方图（b），公式（1-2-20）成为

$$2c_1^2 - (b_1 - a_1)^2 = (b_1 + a_1)^2 \qquad (1-2-21)$$

显然，公式（1-2-20）和公式（1-2-21）表达同一数理关系。此二式可简化为一公式：

$$2c_i^2 - (b_i - a_i)^2 = (b_i + a_i)^2, i = 0, 1 \cdots 。 \qquad (1-2-22)$$

$a_o$、$b_o$ 和 $c_o$ 即 $a$、$b$ 和 $c$。这正是赵爽所谓的"形诡而量均，体殊而数齐"。换句话说，以勾股差之实减倍弦平方，然后开其余，得外大方和其面，其面即是勾股并。面：中国古代数学术语，指边长。弦图式外大方的面为勾股和（$b + a$），黄方的面为勾股差（$b - a$）：

$$\sqrt{2c^2 - (b - a)^2} = b + a 。 \qquad (1-2-23)$$

$$\sqrt{2c^2 - (b + a)^2} = b - a 。 \qquad (1-2-24)$$

〔18〕以差减并而半之，为勾；加差于并而半之，为股：差指勾股差（$b - a$），并指勾股和（$b + a$）。现以算式表示如下：

$$a = \frac{1}{2} \left[ (b + a) - (b - a) \right] 。 \qquad (1-2-25)$$

$$b = \frac{1}{2} \left[ (b + a) + (b - a) \right] 。 \qquad (1-2-26)$$

这是两个恒等式。赵爽用此恒等式分析解得一般性一元二次方程的两个通解根（参见注〔20〕—〔22〕）。

〔19〕其倍弦为弦广袤差并合：即其倍弦等于弦广差加弦广并或弦袤差加弦袤并。此句原为"其倍弦为广袤合"，按倍弦应等于弦广差加弦广并或弦袤差加弦袤并：

$$2c = (c - a) + (c + a) = (c - b) + (c + b) \qquad (1-2-27)$$

故据文义增补三字为"其倍弦为弦广袤差并合"。

〔20〕令勾、股见者，互乘为其实：这段文字简洁，且底本等误"互"为"自"，使学术界颇有歧见。甄鸾、李淳风、李俨、钱宝琮以及近代译著者各有看法。我们认为赵爽在此所说的"令勾股见者"是指上文"以差减并而半之为勾，加差于并而半之为股"两个恒等式中所见的勾和股〔见公式（1-2-25）和（1-2-26）〕。因此，"互乘为其实"所叙述的正是下列勾和股互乘的运算：

$$ab = \left\{ \frac{1}{2} \left[ (b + a) - (b - a) \right] \right\} \left\{ \frac{1}{2} \left[ (b + a) + (b - a) \right] \right\}$$

$$= \frac{1}{4}\left[(b+a)^2 - (b-a)^2\right] \qquad (1-2-28)$$

在此的实，即矩 $ab$ 的面积，如图二十二所示为弦图和左图中的直角三角形两两合并成矩形的实。底本误"互"为"自"可能出现于甄鸾注《周髀算经》之后、李淳风等作注之前。分析甄鸾注释中 3、4、5 特例数字的核对，发现甄鸾核对的数学关系 $\sqrt{(b+a)^2 - 4ab} = (b-a)$ 来自公式（1-2-28）。核对此数学关系之后，甄鸾接着用公式（1-2-25）和（1-2-26）核对赵爽求两个通解根的推导［参见注〔22〕中公式（1-2-30）和（1-2-31）］。虽然特例核对所得数字的符合并不证其核对数理关系的正确性，但是这段核对至少证实甄鸾当时所见的是勾股"互乘为其实"即公式（1-2-28）而不是勾股"自乘为其实"。李淳风等对甄鸾这段核对作出批评，认为甄鸾用的数学关系［即公式（1-2-28）］是错误的，然而李淳风等所提供的数学关系与赵爽的叙述有多处不相符合。由此可见，在李淳风时代，误"互"为"自"的错误可能已出现。虽然李俨等接收了李淳风等对赵爽勾股论的注解，但是钱宝琮提出不同的看法。他认为："依文义，'四实以减之'之前应有'令合自乘'四字。但甄鸾注未引，疑非原本所有，故不校补。"

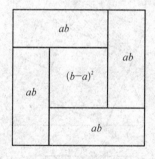

(a) 弦图    (b) 左图

**图二十二　直角三角形合并成矩形的弦图和左图（参见图十）**

〔21〕减广于合为袤：赵爽采用"广"和"袤"表达所求长方形的"宽"和"长"两边。在此"广"和"袤"相应的为所知实 $ab$ 的勾 $a$ 和股 $b$。减广于合为袤：底本等误作"减广于弦"，今据文意改。

〔22〕四实以减之，开其余，所得为差。以差减合，半其余为广。减广于合为袤，即所求也：以四倍 $ab$ 为减数，重新整理实 $ab$ 公式（1-2-28）得：

$$(b-a)^2 = (b+a)^2 - 4ab$$

开其余，所得为差：

$$(b - a) = \sqrt{(b + a)^2 - 4ab} \qquad (1 - 2 - 29)$$

以差 $(b-a)$ 减合 $(b+a)$ 半其余为广：

$$a = \frac{1}{2}\left[(b + a) - \sqrt{(b + a)^2 - 4ab}\right] \qquad (1 - 2 - 30)$$

减广 $a$ 于合 $(b+a)$ 为袤：

$$b = \frac{1}{2}\left[(b + a) + \sqrt{(b + a)^2 - 4ab}\right] \qquad (1 - 2 - 31)$$

即是所求。公式（1-2-30）和公式（1-2-31）是通解二次开方式的两个根。现依照以上赵爽设从法推导方程的方法，作图二十三。此图是由图二十二设 $b+a$ 为从法，$ab$ 为实而得。如图二十三所示，若设勾 $a$ 为 $x$，二次开方式可用现代数学式书写为一元二次方程如下：

$$x_i^2 - (b_i + a_i)x_i + a_ib_i = 0, \quad i = 0, 1。 \qquad (1 - 2 - 32)$$

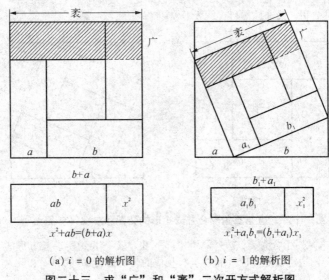

（a）$i = 0$ 的解析图 　　　　（b）$i = 1$ 的解析图

**图二十三　求"广"和"袤"二次开方式解析图**

此公式的两个根，一为公式（1-2-30）的 $a_i$ 根，另一为公式（1-2-31）的 $b_i$ 根。带从法（带从平方式）的推导即现代所谓的一元二次方程的推导。值得注意的是，赵爽在公元三世纪利用几何面积关系建立了一般性一元二次方程。为保持推导步骤的普遍性，赵爽的整个推导是以数学名词叙述，故他的一元二次方程和通解此方程的两个根，也可表述如下：

设 $b_i + a_i = -\beta/\alpha$ 和 $a_i b_i = \gamma/\alpha$，由赵爽一元二次方程［见公式（1-2-32）］可得

$$\alpha x^2 + \beta x + \gamma = 0, \qquad (1-2-33)$$

同时由赵爽两个根［见公式（1-2-30）和公式（1-2-31）］可得

$$x = \frac{1}{2\alpha}[-\beta \pm \sqrt{\beta^2 - 4\alpha\gamma}]。 \qquad (1-2-34)$$

这正是一元二次方程的通解，即通常称为韦达（Vieta）公式的两个根。故赵爽在公元三世纪所作的分解方程求通解根的推导，是一个开拓性的发展和超时代的成就。韦达（Franciscus Vieta，1540—1603）：法国数学家。引进系统的代数符号，并对方程论作了改进。

　　〔23〕规矩：作圆的规和作方的工具矩，在此指互相转换的圆和方。

　　〔24〕其裁制万物，唯所为之也：此系赵爽引商高语，参见上文（二）用矩之道。


【译文】

　　勾、股分别自乘，加在一起，等于弦方的面积；将其开方，即得弦长。按照弦图，又可以勾和股相乘为二个朱色三角形面积，加倍得弦方四角的四个朱色三角形面积。同时勾股差的平方，等于弦方中间黄色方块的面积。所以四个朱色三角形面积加上勾股差平方的面积，也得成弦方的面积。

　　以弦的平方减去勾股差的平方，再以二除之，得常数项；以勾股差为开平方式所带的从法（即一元二次方程的一次项系数），解此开平方式，又得勾。加勾股差于勾，即得股。每当勾的平方加股的平方都等于弦的平方，这是一般性的数理关系，不论其图的结构是矩于内或方于外。这是因为在推导中，当由一面积组合转变到另一面积组合，虽然各形象变化可有多种多样，但是其合并形象的量度始终均等；虽然各面积尺寸可有大小不同，但是其合并面积的总和始终一样。

　　"勾实之矩"是以股弦差为宽，股弦并为长，勾平方为面积的一个直角矩，而在直角矩之内是一个股方。因此，以弦方的面积中减去矩形勾的面积，开方即得股。如果以股的两倍为二次开方式所

带的从法（即一元二次方程的一次项系数），以勾的平方为常数，那么解此方程，即得股弦差，加上股得弦。以勾的平方除以股弦差得股弦和。以勾的平方除以股弦和，亦得股弦差。令股弦和自乘，加勾的平方为被除数，以二倍的股弦和为除数，相除亦得弦。令股弦和自乘，减去勾的平方为被除数，以二倍的股弦和为除数，相除得股。

"股实之矩"是以勾弦差为宽，勾弦并为长，股平方为面积的一个直角矩，而在直角矩之内是一个勾方。因此，以弦方的面积中减去矩形股的面积，开方即得勾。如果以勾的两倍为二次开方式所带的从法（即一元二次方程的一次项系数），以股的平方为常数，那么解此方程，即得勾弦差，加上勾得弦。以股的平方除以勾弦差，得勾弦和。以股的平方除以勾弦和，亦得勾弦差。令勾弦和自乘，加股的平方为被除数，以二倍的勾弦和为除数，相除亦得弦。令勾弦和自乘，减去股的平方为被除数，以二倍的勾弦和为除数，相除得勾。

勾弦差和股弦差相乘，加倍，开方，所得加上股弦差，等于勾；所得加上勾弦差，等于股；所得加上勾弦差和股弦差，等于弦。加倍弦平方，辨析其中勾股差的平方，可考察其面积关系，以图分析：以倍弦平方填满外大方，多出一个黄色方块的面积。此黄色方块的面积，即勾股差的平方。以二倍的弦平方减去勾股差的平方，然后开方，得外大方和其边，其边即勾股之和。以二倍的弦平方减去勾股和的平方，开方，得中间黄色方块的边长。黄色方块的边长即勾股差。以勾股和减去勾股差，除以二得勾，以勾股和加上勾股差，除以二得股。其倍弦等于弦宽差加弦宽和或弦长差加弦长和。互乘以上所见的勾和股得勾股矩之面积，减四倍勾股矩之面积于外大方之面积，开方，得勾股差。以勾股和减去勾股差，其余数除以二，所得为宽。减宽于长宽之和得长。这就是解二次开方式所求得的两个通解根。观察规和矩两者功能交连的关系，同时反复分析其圆和方的数理相通的关系，都有所得。既然［规和矩的功能，圆和方的数理］，能统领群伦，统率众理，探幽入微，深入广远，所以可说："其裁制万物，唯所为之也。"

# 周髀算经卷上（二）

## 乙[1] 陈子篇：周髀数学天文

### 一、荣方问陈子

#### （一）通类思维

昔者荣方[2]问于陈子[3]，荣方、陈子是周公之后人，非《周髀》之本文，然此二人共相解释，后之学者谓为章句[4]，因从其类，列于事下。又欲尊而远之，故云"昔者"。时世、官号未之前闻。曰："今者窃闻夫子[5]之道，荣方闻[6]陈子能述商高之旨，明周公之道。知日之高大[7]，日去地与圆径之术。光之所照[8]，日旁照之所及也。一日所行[9]，日行天之度也。远近之数[10]，冬至、夏至去人之远近也。人所望见[11]，人目之所极也。四极之穷[12]，日光之所远也。列星之宿[13]，二十八宿之度[14]也。天地之广袤[15]，袤，长也。东西、南北谓之广、长。夫子之道，皆能知之。其信[16]有之乎？"而明察之，故不昧不疑。陈子曰："然。"言可知也。荣方曰："方虽不省[17]，愿夫子幸[18]而说之。欲以不省之情，而观大雅之法。今若方者，可教此道邪？"不能自料，访之贤者。陈子曰："然。言可教也。此皆算术[19]之所及，言《周髀》之法，出于算术之妙也。子之于算，足以知此矣，若诚[20]累[21]思之。"累，重也。言若诚能重累思之，则达至微之理。

于是荣方归而思之，数日不能得。虽潜心驰思，而才单智竭[22]。复见陈子，曰："方思之不能得，敢请问之？"陈子曰："思之未熟<sup>[23]</sup>。熟，犹善也。此亦望远起高之术<sup>[24]</sup>，而子不能得，则子之于数<sup>[25]</sup>，未能通类<sup>[26]</sup>，定高远者立两表，望悬邈者施累矩<sup>[27]</sup>。言未能通类求勾股之意。是智有所不及，而神有所穷。言不能通类，是情智有所不及，而神思有所穷滞。夫道术，言约而用博者，智类<sup>[28]</sup>之明。夫道术，圣人之所以极深而研几。唯深也，故能通天下之志。唯几也，故能成天下之务<sup>[29]</sup>。是以其言约，其旨远，故曰"智类之明"也。问一类而以万事达者，谓之知道。引而伸之，触类而长之，天下之能事毕矣<sup>[30]</sup>，故"谓之知道"也。今子所学，欲知天地之数。算数之术，是用智矣，而尚有所难，是子之智类单<sup>[31]</sup>。算术所包，尚以为难，是子智类单尽。夫道术所以难通者，既学矣，患其不博。不能广博。既博矣，患其不习。不能究习。既习矣，患其不能知。<sup>[32]</sup>不能知类。故同术相学，术教同者，则当学通类之意。同事相观<sup>[33]</sup>，事类同者，观其旨趣之类。此列<sup>[34]</sup>士之遇<sup>[35]</sup>智，列，犹别也。言视其术，鉴其学，则遇智者别矣。贤不肖<sup>[36]</sup>之所分。贤者达于事物之理，不肖者暗于照察之情<sup>[37]</sup>。至于役神驰思，聪明殊别矣。是故，能类以合类<sup>[38]</sup>，此贤者业<sup>[39]</sup>精习<sup>[40]</sup>，智之质也。学其伦类，观其指归，唯贤智精习者能之也。夫学同业而不能入神<sup>[41]</sup>者，此不肖无智而业不能精习。俱学道术，明智不察，不能以类合类而长之，此心游目荡，义不入神也。是故，算不能精习。吾岂以道隐子哉？固复熟思之。"凡教之道，不愤不启，不悱不发<sup>[42]</sup>。愤之悱之，然后启发。既不精思，又不学习，故言吾无隐也。尔"固复熟思之"，举一隅使反之以三也。

荣方复归，思之数日不能得。复见陈子，曰："方思之以精熟矣。智有所不及，而神有所穷。知不能得，愿终请说之。"自知不敏，避席<sup>[43]</sup>而请说之。陈子曰："复坐，吾语汝。"于是荣方复坐而请。


【注释】

〔1〕"陈子篇：周髀数学天文"和"一、荣方问陈子"及"（一）通类思维"、"（二）测影探日行"、"（三）天地模型数据分析"等标题为笔者所加。

〔2〕荣方：年代、生平不详。赵爽认为："荣方、陈子是周公之后人，非

《周髀》之本文。……时世、官号未之前闻。"西周成王时有个卿士受封于荣邑（今河南巩县一带），被称为"荣伯"，其子孙便以封国为姓。荣方是否可能是这一支荣姓之后人，待考。

〔3〕陈子：姓陈的天文数学家，年代、生平不详。可能活动在战国初期，被尊称为"子"。参见本书《后记》。唐《开元占经》卷五引《石氏星经》说："石氏曰：日光旁照十六万七千里，径三十三万四千里，周一百万二千里。晖径千里，周三千里。"（原文有刊误，校正参见能田忠亮《周髀算经的研究》第35页及陈遵妫《中国天文学史》〔上〕第85页。）石申（活动于公元前四世纪）：战国时魏人，天文学家。作《天文》八卷，西汉后被称作《石氏星经》，现已失传。部分内容因唐《开元占经》多处引用而得以流传。石申引用了陈子宇宙模型中的一个特殊概念——光照半径，说明公元前四世纪的石申时代是《陈子篇》所载数学、天文学成就产生的下限。

〔4〕章句：汉代注家以分章析句来解说古书意义的一种著作体。

〔5〕夫子：古时对男子的敬称。有时称大夫为夫子，孔子曾为鲁国大夫，故孔门弟子亦称孔子为夫子。后用作学生对老师的尊称。

〔6〕闻：底本作"问"，据钱校本改。

〔7〕日之高大：太阳的高低大小。

〔8〕光之所照：日光所照的范围。

〔9〕一日所行：在天空中，太阳一天所〔视〕行的路程。

〔10〕远近之数：不同时节太阳离地的最大和最小距离。

〔11〕人所望见：人的眼睛所能望见的极限范围。

〔12〕四极之穷：四方极远处，宇宙极远处。

〔13〕列星之宿：星宿在天上的分布。

〔14〕二十八宿之度：二十八宿距星分布的度数。距星：古代天文家为了观测天象及天体在天空中的〔视〕运行，将赤道或黄道附近的天区划分成二十八个区域，称为二十八宿；并从每宿中选一比较近赤道和显著的恒星为距星作为观测的标志。参见《周髀天文篇·三》注释〔1〕。恒星：由炽热的气体组成，能自己发光的天体。

〔15〕广袤：广远。古时东西为广，南北为长。袤：长。

〔16〕信：确实。

〔17〕不省：不能敏悟，愚钝。省：知觉，醒悟。

〔18〕幸：敬词。

〔19〕算术：底本原作"筭术"。《说文解字·竹部》曰："筭，长六寸，计历数者。从竹，从弄，言常弄乃不误也。"又曰："算，数也。从竹，从具，读若筭。"筭、算两字，后世通用。称筭术为计历数者，即计历数之术，只是《说文解字》为筭术释义所举之一例。中国古代所有计算（包括历算）全用筭

筹。因此计算中的数字全是用算筹位值数字表达，如宋代代数全用算筹推算；字符组合数字仅仅用于书写和记录。直到算盘出现后，才筹算、珠算并用。故筹术与后世算术的含义并不完全相同。

〔20〕若诚：如果。

〔21〕累：反复。

〔22〕才单智竭：才智竭尽。单：通"殚"，尽。

〔23〕熟：深入思考。

〔24〕望远起高之术：用两表竿测望高、远的技术。

〔25〕则子之于数："子之于数"前，底本有一空格，今据胡刻本补"则"字。

〔26〕通类：触类旁通。

〔27〕累矩：两矩。

〔28〕智类：从纷繁复杂的现象中提纲挈领的才智。

〔29〕圣人之所以极深而研几。唯深也，故能通天下之志。唯几也，故能成天下之务：（道术是）圣人赖以深入钻研而掌握关键的本领。唯因深入钻研，所以能通晓天下之志记。唯有掌握关键，所以能达成天下之要务。此数句引自《易·系辞上》。

〔30〕引而伸之，触类而长之，天下之能事毕矣：就事引申，触类旁通，那么天下所能做的事都包括了。此三句赵爽引自《易·系辞上》。

〔31〕单：通"殚"，尽，贫乏不够用。

〔32〕夫道术所以难通者，既学矣，患其不博。既博矣，患其不习。既习矣，患其不能知：《大戴礼记·曾子立事》曰："君子既学之，患其不博也。既博之，患其不习也。既习之，患其无知也。既知之，患其不能行也。既能行之，贵其能让也。君子之学，致此五者而已矣。"陈子和曾子此言显然同源。曾子（前505—前436）：名参，鲁国人，孔子的弟子。

〔33〕同术相学，同事相观：有共性的学术问题，类似的事件，应放在一起观察研究，找出共同规律。陈子教导荣方的"同术相学，同事相观"的理论也是建立在通类思维的基础上。

〔34〕列：区别。赵爽注："列，犹别也。"

〔35〕遇：通"愚"。胡刻本、戴校本作"愚"。

〔36〕贤：此指明辨事物深层之理的人；不肖：此指认识浅薄的人。

〔37〕暗于照察之情：对明显的事情仍不明白。暗于：昏昧，不明白。

〔38〕类以合类：把属性相类似的归为一类。

〔39〕业：术业。

〔40〕精习：研习精通。

〔41〕入神：进入专心致志、役神驰思、自由神游的精神境界而洞察其内在

联系。

〔42〕不愤不启，不悱不发：《论语·述而》："不愤不启，不悱不发。"朱熹注："愤者，心求通而未得之意；悱者，口欲言而未能之貌。"愤悱：指心中蕴积的思虑。

〔43〕避席：离座起立，表示敬意。

## 【译文】

从前，荣方向陈子请教，荣方、陈子是周公以后的人，[此对话] 非《周髀》的原文，然而此二人配合解释，后世的学者称为章句，分类缘起，随后一一解说。又想推尊为早期的文献，所以说"从前"。二人的时代、官号以前没听说过。说："我听说您的道，荣方听说陈子能讲述商高数学的要旨，明晓周公之道。能知道太阳的高低和大小，太阳离地距离与太阳直径的算法。日光所照的范围，日光旁照所到达之处。太阳一天所 [视] 行之数，太阳一天所行的度数。太阳离我们的最大和最小距离，冬至、夏至离人的远近距离。人的眼睛所能望见的范围，人的眼睛所能望见的最大范围。四方的极限，太阳的光照极限。'星宿'在天上的分布，二十八宿的分布度数。天地的长度和宽度。袤：就是长。东西叫做长，南北叫做广。根据您的道术都能知晓。这是真的吗？"因为明察，所以不愚昧无知而怀疑。陈子说："对。"说是可知的。荣方说："我虽然不聪明，仍然多么希望听到您的解说。想用不聪明的情理为由，争取获得深奥学术的解说。像我这样的资质可以受教而学得此道吗？"自己不能判断，向贤者请教。陈子说："可以的，说可以教。这些 [知识] 都可应用数学推算求得。说《周髀》的方法，出于算术的妙用。以你的算术能力，足以理解此道了。如果你能反复思考、分析推理的话。"累，是反复之意。说假如能反复思考、分析推理的话，就能明白深刻精妙的道理。

于是荣方回家仔细思考，思考数日不得要领。虽然潜心思考、心神向往，然而才智竭尽。他又见陈子说："我仔细思考之后仍未能得到要领，我能斗胆请示进一步的指教吗？"陈子说："这是因为你的思考尚未深入成熟。熟，够好。这类问题需要测量高远的推算技能，而你不能领悟到这关系，这说明你 [在数学方面] 未能触类旁通。测定高远目标的问题要树立两表，测望远距离悬空目标的问题要应用两矩。意思是讲荣方未能触类旁通地应用勾股术求解。其原因是你尚未掌握推理的智慧，你的理解尚初浅有限。说不能触类旁通，是尚未掌握根据情况推理的智慧，而理解尚初浅

呆板。道术用言简约，能广泛应用者，需要具有分析明辨其原理的
才华。道术是圣人赖以深入钻研而掌握关键的本领。唯因深入钻研，所以能通晓天下
之志记。唯有掌握关键，所以能达成天下之要务。因此其用言简约，旨趣高远，所以说
"分析明辨其原理的才华"。求得一原理而能分析出多方面的应用，才是
所谓的知道。就事引申，触类旁通，那么天下所能做的事都包括了，所以说"谓之
知道"。如今你所要学习的，要知道天地间的数学关系。是算数原理和方
法，在应用上需要培养分析相联关系的才智。然而你仍有困难，显
示你的分析思考的才智极为有限。算术所包含的，尚且感到为难，显示你的
才智竭尽。道术之所以难以精通，是因为开始学了恐怕知识面不广
博，知识面不能广博。知识面广博了恐怕不研习，不能深入研习。深入研
习了恐怕仍不能知。不能参悟。所以有共性的学术问题，应放在一起
研究，对有共性的学术问题，应当学会触类旁通。类似的事件，应放在一起
观察，找出共同规律。对类似的事件，应观察、找出共同规律。这正是明智
之士与愚昧者的区别，列，释为别。谓观察其学术，即可区分愚笨与智者。贤
者与不肖者的分别所在。贤者明辨事物深层之理，不肖者对明显的事情仍不明
白。至于专心致志深入思考，聪明与否大可讲究。智慧的实质在于能从纷繁复
杂的不同事物中分析出使其共同和相关的原理，这是有才能的士子
学习中行之有效的特质。学习类似之物，能看到它们的宗旨所在，只有贤智之士
又善于学习者能做到。凡是学习相同而不能专心入神到达这种境界，
[归根结底]都是因为不能精通'同术相学，同事相观'的原理。
一起学道术，有的明智，有的不察，不能从纷繁复杂的不同事物中分析出共性而发展，
这是不能专心入神到达这种境界。因此，也不能研习精通应用数学。难道
是我把道术隐瞒了你不成！你还是回去再深思细考。"大凡教学的方法，
不打开心中蕴积的思虑，就不能启发潜能。打开心中蕴积的思虑，然后启发潜能。你既
不精于思考，又不精于学习，所以说我没有隐瞒什么。你"还是回去再深思细考"。这
就是举一而反三。

荣方又回家思考了好几天仍不能得到应用数学的要领。他又去
见陈子，说："我思考很久可以说已尽我所能了，可是我推理不及，
理解有限。明白靠我自己苦思是到达不了目的的，还是请你开导我
吧。"自知不聪敏，离座起立，恳请开导。陈子说："回到你的坐位，我告
诉你。"于是荣方回来坐下，等候陈子的解说。

## （二）测影探日行

陈子说之曰："夏至南万六千里，冬至南十三万五千里，日中立竿无[1]影，此一者，天道之数[2]。言天道数一，悉以如此。周髀[3]长八尺，夏至之日晷一尺六寸。晷，影也。此数望之从周城之南千里也，而《周官》测影，尺有五寸[4]，盖出周城南千里也。《记》云："神州之土方五千里。"[5]虽差一寸，不出畿地[6]之分、失四和之实[7]，故建王国。髀者，股也[8]。正晷[9]者，勾也。以髀为股，以影为勾，勾股定[10]，然后可以度日之高远。正晷者，日中之时节也。正南千里勾一尺五寸，正北千里勾一尺七寸[11]。候其影，使表相去二千里，影差二寸。将求日之高远，故先见其表影之率。日益表南，晷日益长。候勾六尺[12]，候其影使长六尺者，欲令勾股相应，勾三、股四、弦五；勾六、股八、弦十。即取竹空[13]，径一寸，长八尺，捕[14]影而视之，空正掩[15]日，以径寸之空视日之影，髀长则大，矩短则小，正满八尺也。捕，犹索也。掩，犹覆也。而日应空之孔[16]。掩若重规。更言八尺者，举其定也。又曰近则大，远则小，以影六尺为正。由此观之，率八十寸而得径一寸[17]。以此为日髀之率[18]。故以勾为首，以髀为股[19]。首，犹始也。股，犹末也。勾能制物之率，股能制勾之正。欲以为总见之数，立精理之本。明可以周万事，智可以达无方。所谓"智出于勾，勾出于矩"也。从髀至日下六万里，而髀无影[20]。从此以上至日，则八万里[21]。若求邪至日者，以日下为勾，日高为股。勾股各自乘，并而开方除之，得邪至日。从髀所旁至日所十万里[22]。旁，此古邪字。求其数之术曰：以表南至日下六万里为勾，以日高八万里为股，为之求弦：勾、股各自乘，并而开方除之，即邪至日之所也。以率率之，八十里得径一里，十万里得径千二百五十里。法当以空径为勾率，竹长为股率，日去人为大股，大股之勾即日径也。其术以勾率乘大股，股率而一。此以八十里为法，十万里为实。实如法而一，即得日径。故曰：日径千二百五十里[23]。法曰[24]：周髀长八尺，勾之损益寸千里[25]。勾谓影也。言悬天之影，薄地之仪，皆千里而差一寸。故曰：极者，天广袤也[26]。言极之远近有定，则天广长可知。今立表高八尺以望极[27]，其勾一丈三寸。由此观之，则从周[28]北十万三千里而至极下[29]。"谓冬至日加卯、酉之时，若春、秋分之夜半，极南两旁与天中齐，故以为周去天中之数。

荣方曰："周髀者何？"

陈子曰："古时天子治周，古时天子谓周成王[30]，时以治周，居王城，故曰："昔先王之经邑，奄观九隩，靡地不营。土圭测影，不缩不盈，当风雨之所交，然后可以建王城。"此之谓也。此数望之从周，故曰周髀。言周都河南，为四方之中，故以为望主也。髀者，表也。"因其行事，故曰髀。由此捕望，故曰表。影为勾，故曰勾股也。

**【注释】**

〔1〕无：底本、胡刻本、戴校本作"测"，据钱校本改。

〔2〕此一者，天道之数：这些数据的一个特质是可用来推导天体〔视〕运行的数理。

〔3〕周髀：周地之表，当时用来测日影的表竿，高8尺。日影亦称晷影。

〔4〕《周官》测影，尺有五寸：《周礼·考工记·玉人》曰："土圭尺有五寸。"五：底本、胡刻本作"六"，据戴校本改。《周官》：即《周礼》，十三经之一。作于战国，佚名。

〔5〕《记》云："神州之土方五千里。"：《记》载："全国的土地东西、南北长宽各五千里。"《记》：待考。

〔6〕畿地：以古代王都所在处为中心的千里地面。

〔7〕失四和之实：底本作"先四和之实"，今从孙诒让说改。

〔8〕髀者，股也：人的股骨或胫骨叫做"髀"。用表测影是由最初的立人测影发展而来，人长8尺，表高也8尺。图二十四是1965年江苏仪征石碑村东汉墓出土的一个袖珍铜圭表。

**图二十四　东汉袖珍铜圭表**
**（表高合汉尺8寸）**

〔9〕正晷：日中时的晷影。晷影测量是周髀家测量日（视）运行的主要方法，由晷影测量也可以算出当时的黄赤交角和观测地的纬度（陈遵妫《中国天文学史》有通俗的说明）。图二十五说明晷影测量的圆形坐标与天体的关系。（此图系据能田忠亮《周髀算经的研究》第

27 页插图改绘。）

图二十五中 $GO$ 为八尺之表，$GA$ 为夏至日中的晷影，$GB$ 为冬至日中的晷影，圆 $O$ 为天球上观测地点的子午圈，$Z$ 为天顶，$S_1$ 为夏至日中的太阳位置，$S_2$ 为冬至日中的太阳位置，$P$ 为天球北极，$N$ 为地平面上的北点，$EE'$ 为天球赤道，$\varphi$ 为地方纬度（$\varphi = \angle PON = \angle EOZ$，北极出地），$\varepsilon$ 为黄赤交角（$\varepsilon = \angle S_1OE = \angle S_2OE$，黄赤大距），$\zeta_1$ 为夏至日中太阳天顶距（$\zeta_1 = \angle S_1OZ$），$\zeta_2$ 为冬至日中太阳天顶距（$\zeta_2 = \angle S_2OZ$）。

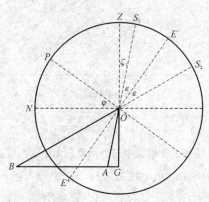

图二十五　晷影测量圆形坐标示意图

〔10〕勾股定：底本、胡刻本脱"勾"字，据孙诒让说补。

〔11〕正南千里勾一尺五寸，正北千里勾一尺七寸：离周观测地正南千里晷影长 15 寸，离周观测地正北千里晷影长 17 寸。东周都城是洛阳，但当年长时期内进行天文观测的周公测景台在阳城（今河南省登封县告成镇）。故周观测点（地中）可能是洛阳或阳城。图二十六展示陈子在此叙述的两个测量：$(\chi_1, \lambda_1) = (\chi_0 - 1\,000$ 里，15 寸$)$ 和 $(\chi_2, \lambda_2) = (\chi_0 - 1\,000$ 里，17 寸$)$ 与在周观测地夏至的测量 $(\chi_0, \lambda_0) = (\chi_0, 16$ 寸$)$ 之间的关系。图中 $H_0$ 为太阳的垂直高度，$h$ 为晷高，$\chi_1, \chi_0, \chi_2$ 为各表至日下无影处的距离；$\lambda_1, \lambda_0, \lambda_2$ 为各测点夏至日中午时的日影长度。这三个测量的影长均来自同一位置的太阳。地中：古人所谓平面大地的中心。

〔12〕候勾六尺：等到一天在周测量处南北方向晷影长 6 尺之时。勾：直角三角形的勾边，即晷影。

〔13〕竹空：望筒的古称。

〔14〕捕：搜捕。

〔15〕掩：覆盖。

〔16〕日应空之孔：太阳的外缘恰好填满竹管的圆孔。这是陈子"竹空测日"的关键条件。如图二十七所示，在"空正掩日"和"日应空之孔"的条

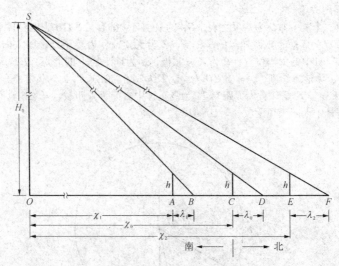

图二十六　陈子数学模型中三个直角三角形的相似关系示意图

件下，$\triangle ABO$ 与 $\triangle CDO$ 形成相似三角形。因此竹空内径 $d$ 与竹空长度 $t$ 和太阳直径 $d_s$ 与观测者到太阳的距离 $R_s$ 成正比：$d_s/R_s = d/t$。陈子说："径一寸，长八尺，捕影而视之，空正掩日，而日应空之孔。"意谓："当望筒之径是一寸，长是八尺，从筒中搜捕太阳的边缘观察，则筒的内孔正好覆盖太阳，而太阳的外缘恰好填满竹管的圆孔。"因此：

$$\frac{d_s}{R_s} = \frac{d}{t} = \frac{1}{80} \qquad (2-1-1)$$

〔17〕率八十寸而得径一寸：竹空长与竹空径相比之率是每 80 寸长得径一寸。如注〔16〕和图二十七所示述，率的数据 $\frac{1}{80}$ 显然是陈子从实验中得出的。这数据的正确度可用此数求得的太阳角直径 θ 估计。由图二十七得：

$$\gamma = \tan^{-1}\left(\frac{d/2}{t}\right) = \tan^{-1}\left(\frac{1/2}{80}\right) = \tan^{-1}(0.006\,25) = 21'31''。$$

所以

$$\theta = 2\gamma = 2(21'31'') = 43'02''。 \qquad (2-1-2)$$

这比太阳平均角直径的实际值 θ = 31′51″ 大 34%，不过在当时已很精确。古希腊的阿里斯塔克研讨太阳距离与大小时，采用的太阳角直径是 2°。到阿基米德才用类似的方法测得太阳角直径在 0.45°（即 27′）到 0.55°（即 33′）之间。

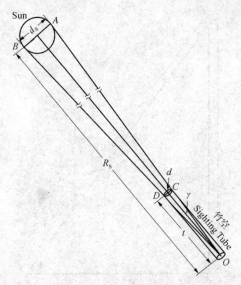

**图二十七　陈子以竹空测量太阳直径示意图**

（参阅程贞一、席泽宗《陈子模型和早期对于太阳的测量》，第367—383页。）陈子"竹空测日"旨在求太阳直径，而非太阳角直径。利用日直径 $d_s = (d/t)R_s$ 的公式，得 $d_s = \dfrac{1}{80}R_s$。求日直径 $d_s$，陈子还须求太阳斜高距 $R_s$。图二十八中的 $H_0$ 是日高，$h$ 是髀高，$\chi_B$ 是由表至日下的水平距离，$\lambda_B$ 是髀的影长，$R_s$ 是由观测者到太阳的距离。因"竹空测日"时髀影是6尺，故 $\lambda_B = 60$ 寸。由此可见在求太阳斜高距离 $R_s$ 之前，陈子还得先求得日高 $H_0$ 和水平距离 $\chi_B$。阿里斯塔克（Aristarchus，约公元前320—前250）：古希腊天文学家、数学家。他研究过太阳和月球的体积以及到地球的距离等问题，并首倡日心说。阿基米德（Archimedes，约公元前287—前212）：古希腊哲学家、数学家、物理学家。他研究曲面和曲线，发展了"逼近法"。著有《论球和圆柱》、《论螺线》、《沙的计算》、《论图形的平衡》、《论浮体》和《论杠杆》等。

〔18〕日髀之率：人至太阳距离与太阳直径的比率。

〔19〕以勾为首，以髀为股：由晷影 $\lambda_B$ 为勾开始，以髀高 $h$ 为股（参见图二十八）。赵爽注："首，犹始也。"根据商高"偃矩以望高"的方法由图二十八可得求高公式：

$$H_0 = \left(\frac{\chi_B + \lambda_B}{\lambda_B}\right)h = \frac{\chi_B}{\lambda_B}h + h, \qquad (2-1-3)$$

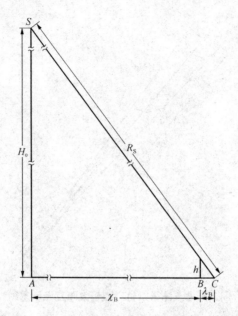

**图二十八 太阳水平距离与斜高距离示意图**

已知表高 $h = 80$ 寸，影长 $\lambda_B = 60$ 寸，如果知道太阳水平距离$\chi_B$，就可以由（$2-1-3$）式算得太阳垂高距离 $H_0$。但是太阳水平距离$\chi_B$是个未知数，陈子必须用创新的方法来测算$\chi_B$。根据陈子所提供日高图中的两个直角三角形（参见图四十）得知陈子测算日高的方法是二望测高法。利用二望测高的方法，陈子创建了后来所谓的重差术。依照日高图所示（参见《陈子篇》二"日高图"和赵爽附录〔二〕），陈子推导得成陈子重差求高公式：

$$H_0 = \left( \frac{\chi_2 - \chi_1}{\lambda_2 - \lambda_1} \right) h + h, \qquad (2-1-4)$$

比较此重差求高公式和商高求高公式（$2-1-3$）得陈子重差公式：

$$\frac{\chi_0}{\lambda_0} = \frac{(\chi_2 - \chi_1)}{(\lambda_2 - \lambda_1)}, \qquad (2-1-5)$$

公式（$2-1-5$）说明从一个测量获得距离和影长比值$\chi_0 / \lambda_0$与从两个测量获得距差和影差比值$\Delta\chi / \Delta\lambda$［即$(\chi_2 - \chi_1)/(\lambda_2 - \lambda_1)$］的相等关系。此公式也是重差术的基础。重差术：刘徽《海岛算经》中继承和发展的二望测高法。

〔20〕从髀至日下六万里，而髀无影：从髀到日下髀无影之点的距离是

60 000 里。这就是图二十八中由髀到太阳下的水平距离 $\chi_B$。此距离是以重差公式求得。利用了夏至和冬至二组测量数据 $(\chi_S, \lambda_S) = (16\,000\ \text{里}, 16\ \text{寸})$ 和 $(\chi_W, \lambda_W) = (135\,000\ \text{里}, 135\ \text{寸})$，陈子用重差公式（2−1−5）得：

$$\chi_B = \frac{(\chi_W - \chi_S)}{(\lambda_W - \lambda_S)}\lambda_B = \left(\frac{(135\,000 - 16\,000)\ \text{里}}{(135 - 16)\ \text{寸}}\right)(60\ \text{寸}) = 60\,000\ \text{里}.$$

$$(2-1-6)$$

〔21〕从此以上至日，则八万里：从日下髀无影之点直上到日是 80 000 里。这就是图二十八中的日高 $H_0$。将 $\chi_B$ 代入日高公式（2−1−4），即得

$$H_0 = \left(\frac{60\,000\ \text{里}}{60\ \text{寸}}\right)(80\ \text{寸}) + 80\ \text{寸} \cong 80\,000\ \text{里} \qquad (2-1-7)$$

〔22〕若求邪至日者，以日下为勾，日高为股。勾股各自乘，并而开方除之，得邪至日，从髀所旁至日所十万里：若求太阳斜高距离 $R_s$（见图二十八），以日下水平距离 $\chi_B$ 加髀影长 $\lambda_B$ 为勾，以日高 $H_0$ 为股，然后勾股各自乘，并而开方除之，即得太阳斜高距离 $R_s$：

$$R_s = \sqrt{(\chi_B + \lambda_B)^2 + H_0^2} \qquad (2-1-8)$$

将 $\chi_B + \lambda_B \cong 60\,000$ 里和 $H_0 \cong 80\,000$ 里代入斜高公式（2−1−8）得：

$$R_s \cong \sqrt{(60\,000\ \text{里})^2 + (80\,000\ \text{里})^2} = 100\,000\ \text{里}. \qquad (2-1-9)$$

值得注意的是，虽然测量两髀之距差 $(\chi_2 - \chi_1)$ 在理论上要比测量由髀到太阳下的水平距离容易，但是在实行上有其困难。正如陈子日高图所示，这两个不同髀距的测量需要同时进行，以保持太阳的位置不变。在古代的条件下，这是难以实施的。为了解决此难题，陈子采用"天地相应假设"——用同一测量位置、不同时间的测量来代替不同测量位置、同一时间的测量（参见图二十九）。譬如，在推算 $\lambda_B = 60$ 寸时的太阳水平距离 $\chi_B$ 时，陈子同时采用了夏至 $(\chi_S, \lambda_S) = (16\,000\ \text{里}, 16\ \text{寸})$ 和冬至 $(\chi_W, \lambda_W) = (135\,000\ \text{里}, 135\ \text{寸})$ 的两组测量数据〔见公式（2−1−6）—（2−1−9）〕。旁至日：即邪至日，测点至太阳的斜高距离。"旁"据赵爽注："此古邪字。"天地相应假设：陈子假设太阳的运行限制于与地上测量处水平面平行的平面上，天地之间有一一相对的"天地相应关系"，即太阳在天空南北的〔视〕平移相应周髀在地上的南北的迁移设置。在其模型框架内，这一关系确实存在。图二十九上半部是三地的同时测量，与图二十六相同，下半部是同一地点的不同时间的三次测量，两种不同的测量方法都可以推出同样的陈子重差公式（2−1−5）（参阅程贞一《中华早期自然科学之再研讨》〔英文〕，第 113—187 页，图 35）。在陈子时代，要在相

距甚远的地方作同时测量甚难实施。由此平行面假设，陈子避免了同时测量的难题，简化了分析太阳视运行的测算，并且能有系统的把有关太阳视运行的一些现象作出解释。可是受到平行面假设的局限，陈子数学模型的数据存在较大误差，尤其是以现代的数据和理论来考量。然而，陈子创造性地模式探索分析，在那时却是一个超时代的成就。

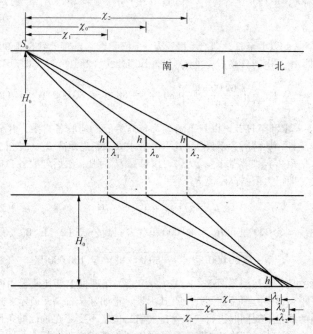

**图二十九　异地同时测量与异时同地测量的互换关系**

〔23〕日径千二百五十里：底本、胡刻本、戴校本作"日晷径千二百五十里"，"晷"是衍文，据钱校本删。

由注〔16〕的公式（2-1-1），$\dfrac{d_s}{R_s} = \dfrac{d}{t} = \dfrac{1}{80}$，"以率（比率）率（计算）之"，可推得太阳直径：

$$d_s = \frac{R_s}{80} = 1\,250 \ 里。 \qquad (2-1-10)$$

陈子所得的太阳线直径失之太小，其误差主要来自推算的太阳水平距离 $\chi_B$，而非来自测量数据 1/80 比率。陈子的竹空测日和晷影测量，以及数学分析方法，在他生活的时代是超前的。尤其是重差求高公式的推导，在当时首屈一指。问题出在天地相应（即平行面）的假设上。又，李淳风在此作一长篇注解，提出地斜面的观点来进行重差法太阳的测算。现将李淳风的注解以"李淳风附注（一）"为标题附于"荣方问陈子"（三）之后。

〔24〕法曰：叙述测算研究方法的导引之语。陈子用此导引叙述测算太阳运行的仪器和测算所得出的太阳运行的推算公式。

〔25〕勾之损益寸千里：这是一个以文字表达的代数公式，指南北方向距离每改变一千里表影增减一寸。勾：周髀之影（即表影），或观察视线之底。如用符号 $\Delta\chi$ 代表南北距离的改变，$\Delta\lambda$ 代表表影的增减，这句话正是下列公式〔见重差公式（2-1-5）〕：

$$\Delta\chi = \left(\frac{\Delta\lambda}{1\ \text{寸}}\right)1\,000\ \text{里},$$

这就是前文陈子为测算日高所推导出来的陈子影差公式：

$$(\chi_2 - \chi_1) = \left(\frac{\lambda_2 - \lambda_1}{1\ \text{寸}}\right)1\,000\ \text{里}。 \qquad (2-1-11)$$

如下所示：

$$(\chi_2 - \chi_1) = \frac{\chi_s}{\lambda_s}(\lambda_2 - \lambda_1) = \frac{16\,000\ \text{里}}{16\ \text{寸}}(\lambda_2 - \lambda_1),$$

此公式是用夏至测量数据 $(\chi_s, \lambda_s) = (16\,000\ \text{里}, 16\ \text{寸})$ 定重差公式中的重差比率而得。在此，陈子把这推导出来的公式正式列于"法曰"下。由这公式，陈子建立了日影的测量与太阳视运行之间的解析性的关系。值得一提的是，为推导这公式陈子采用了现今所谓的"平行面"天地模型（见图二十九），并用同一测量位置、不同时间的测量代替不同测量位置、同一时间的测量，从而系统地分析太阳视运行。这是一个非常有科学性的探讨，一个超时代的发展。但是因为平行面的假设与实际太阳运行误差太大，因此这公式与测量结果不符合。历代学者对陈子影差公式作出多种评论和猜测，但是极少是由陈子数学模型与实际太阳〔视〕运行之间关系的局限性来分析和评论这公式，多半是用测量数据来分析这公式的正确性，失之未抓住要点。李淳风在为《周髀算经》作注时列举各地影差不同，以为不宜"一等永定"。唐僧一行（683—727）、南宫说的天文大地测量，在当时黄河南岸平原区选择了滑州白马、汴州浚仪岳台、许州扶沟和豫州上蔡武津四个测量点，除日影长和北极高外，还测量了相邻两地间的距离。一行用实测数据推翻了"寸差千里"这一错误的说法，建立了北极高差与南北地面距离之间的比值："三百五十一（唐小）里八十步而极差一度"，即北极高差1°地面相距157.8公里。（参阅闻人军、李磊《一行、南宫说天文大地测量新考》，1989。）

〔26〕极者，天广袤也：北极天中在北方遥远广阔的天空。在周髀宇宙模型

中，假设太阳在一平面内环绕，环绕的中心是北极的天中。

〔27〕极：北极星。

〔28〕从周：指西周的王城（今河南洛阳）。

〔29〕北十万三千里而至极下：向北 103 000 里到北极星垂直下地。在"法曰"中陈子已叙述测算距离的方法，在此他举出测算从周地到北极星之下的距离为一特例。由望极测量（详见卷下《周髀天文篇·二》）陈子得勾 103 寸，根据陈子公式得：

$$x_N = \left( \frac{103 \ \text{寸} - 0}{1 \ \text{寸}} \right) 1\,000 \ \text{里} = 103\,000 \ \text{里}。 \qquad (2-1-11)$$

故"北十万三千里而至极下"。

〔30〕周成王（前1055—前1021）：姬姓，名诵。西周第二任国王。其父武王死时，他尚年幼，由叔父周公旦摄政。周成王成人后，周公归政于他，而为了巩固统治，建了东都洛阳。

【译文】

　　陈子说："夏至，太阳在离测量点南边一万六千里的天空上；冬至，太阳在离测量点南边十三万五千里的天空上；在正当中午时，竖立的表竿没有日影。这些数据的一个特质是可用来推导天体运行的数理。讲天体运行数据的一例，别的都是如此。周髀高八尺，夏至日的晷影长一尺六寸。晷，表影。此数是从周城之南千里之处测望而得，而《周官》所载测影，影长一尺五寸，这是因为测点在周城之南一千里的缘故。《记》说："神州的国土五千里见方。"虽影长差一寸，仍不出王都所在处的千里地面，实际上未失四方平衡，所以在此建立国都。周髀，相当于直角三角形中的股边。日中时的晷影，相当于直角三角形中的勾边。以髀表为股，以表影为勾，勾股已定，然后可以测度太阳的高度和距离。正晷，日中时的晷影。〔在同一时间，〕由观测点往正南一千里立表，勾（晷影）长一尺五寸；往正北一千里立表，勾（晷影）长一尺七寸。等候时机测影，使两表相离二千里，日影差二寸。将要求太阳的高度和距离，所以先表明表影与表距的比率。太阳离表竿越往南，晷影就越长。等到晷影长六尺，等到晷影长六尺的目的，是要使勾、股比例相应于勾三、股四、弦五之值；即勾六、股八、弦十。即取一支内径一寸、长八尺的空心竹筒，从筒中搜捕太阳的边缘观察。筒的内孔正好覆盖太阳，以内径一寸的空心竹筒观测太阳之影象，竹筒太长则太阳过大，竹筒太短则太阳过小，太阳充满竹筒内孔，筒长正好八尺。捕：搜索。掩：覆盖。而太阳的外缘恰好填满竹管的圆孔。掩，好比两圆相迭。特别强调八尺，指明它是规定的。

又说近则大，远则小，是以影长六尺为正勾。由此可见，观测者至太阳的距离与太阳直径的比率等于筒长八十寸与内径一寸的比率。以此为人至太阳距离与太阳直径的比率。所以从晷影为勾着手，以周髀为股。首：释为始。股：释为末。勾能确定计算的比率，股能以比率和正勾作计算。想要以通用的公式，建立精妙物理的根本。明智可以通晓万事万物，通达任何方面。这就是所谓"智出于勾，勾出于矩"。可求得从周髀至日下髀无影处的距离是六万里，以及从日下髀无影处往上到太阳的距离为八万里。如求观测者至太阳的斜线距离，以观测者至日下髀无影处的距离为勾，太阳高度为股。勾、股分别自乘，其积相加后，再开方，就得到观测者至太阳的斜线距离。由此得知观测者至太阳的斜线距离是十万里。旁，这是邪的古字。求此数的方法说：从表向南至日下髀无影处的距离——六万里为勾，以髀无影处距日八万里的高度为股，从而求弦：勾、股各自平方，相加再开方，即观测者至太阳的斜线距离。以前述比率推算，每八十里相对于直径一里，十万里相对于直径一千二百五十里。推算法应当以空径为勾率，竹长为股率，太阳离人距离为大股，大股的勾即太阳的直径。其算法以勾率乘以大股为被除数，除以股率。这是以八十为除数，十万里为被除数。相除，即得太阳的直径。所以说：太阳直径是一千二百五十里。测算法：用八尺高周髀测量表影长度，则南北方向距离每改变一千里表影增减一寸。勾，指晷影。讲测天之晷，量地之仪，都是千里而差一寸。所以虽说北极天际遥远广阔，谓北极星到地面的距离确定，那么天的长宽也可知道了。如立八尺高的表观测北极星，由观察视线之底测得103寸的勾，即可求得从周地到北极星垂直下的距离是103 000里。"说冬至日卯时和酉时，春、秋分的夜半也一样，北极星东西游，周地到北极星与到天中的距离相等，因此以它为周地距离天中之数。

荣方问："周髀是什么？"

陈子答："从前周天子治理天下，从前天子指周成王，当时为治理周，建王城而居，所以说："从前先王建设城邑，遍观九州，无地不经营。土圭测影，不缩短不盈余，挡风雨交加，然后可以建王城。"指的就是这个。此数学、天文学的原理，是以周代王城（今河南洛阳）为测望的基地，故称为周髀。说周建都河南，为四方之中央，因此以它为测望的基地。髀，就是表竿的意思。"因其表现，所以叫髀。由此观望，所以称表。影为勾，所以称作勾股。

## （三）天地模型数据分析

"日夏至南万六千里，日冬至南十三万五千里，日中无影[1]。以此观之，从极[2]南至夏至之日中[3]十一万九千里，诸言极者，斥天之中。极去周十万三千里，亦谓极与天中齐时，更加南万六千里是也。北至其夜半亦然。日极在极北正等也。凡径二十三万八千里，并南北之数也。此夏至日道[4]之径也。其径者，圆中之直者也。其周七十一万四千里[5]。周，匝也。谓天戴日行[6]，其数以三乘径。从夏至之日中至冬至之日中[7]十一万九千里，冬至日中去周十三万五千里，除夏至日中去周一万六千里是也。北至极下亦然。则从极南至冬至之日中，二十三万八千里，从极北至其夜半亦然。凡径四十七万六千里，此冬至日道[8]径也。其周百四十二万八千里。从春、秋分之日中[9]，北至极下十七万八千五百里。春秋之日影七尺五寸五分，加望极之勾一丈三寸。从极下北至其夜半亦然。凡径三十五万七千里，周一百七万一千里。故曰：月之道常缘宿，日道亦与宿正[10]。内衡之南，外衡之北，圆而成规，以为黄道[11]，二十八宿列焉。月[12]之行也，一出一入，或表或里，五月二十三分月之二十一道一交[13]，谓之合朔交会及月蚀相去之数，故曰"缘宿"也。日行黄道以宿为正，故曰"宿正"。于中衡[14]之数与黄道等。南至夏至之日中，北至冬至之夜半；南至冬至之日中，北至夏至之夜半，亦径[15]三十五万七千里，周一百七万一千里。此皆黄道之数与中衡等。

　　"春分之日夜分[16]以至秋分之日夜分，极下常有日光[17]。春、秋分者昼夜等。春分至秋分日内近极，故日光照及也。秋分之日夜分以至春分之日夜分，极下常无日光[18]。秋分至春分日外远极，故日光照不及。故春、秋分之日夜分之时，日光所照适至极[19]，阴阳之分等也。冬至、夏至者，日道发敛[20]之所生也，至昼夜长短之所极。发犹往也。敛犹还也。极，终也。春、秋分者，阴阳之修，昼夜之象[21]。修，长也。言阴阳长短之等。昼者阳，夜者阴，以明暗之差为阴阳之象。春分以至秋分，昼之象。北极下见日光也。日永主物生，故象昼也。秋分以至春分，夜之象。北极下不见日光也，日短主物死，故象夜也。故春、秋分之日中，光之所照北极下，夜半日光之所照亦南至极。此日夜分之时也。故曰：日照四旁各十六万七千里[22]。至极者，谓璇玑[23]之际为阳绝阴彰。以日夜分[24]之时而日光有所不逮，故知日旁照十六万七千里，不及天中一万一千五百里也。人所望见，远近宜如日光所照[25]。日近我一十六万七千里之内及我。我目见日，故为日出。日远我十六万七千里之外，目则不见我，我亦不见日，故为日入。是为日与目见于十六万七千里之中，故曰“远近宜如日光之所照”也。从周所望见，北过极六万四千里，自此以[26]下，诸言减者，皆置日光之所照，若人目之所见十六万七千里以除之，此除极至周十万三千里。南过冬至之日中[27]三万二千里。除冬至日中去周十三万五千里。夏至之日中光，南过冬至之日中光四万八千里，除冬至之日中相去十一万九千里。南过人所望见万六千里，夏至日中去周万六千里。北过周十五万一千里，除周夏至之日中一万六千里。北过极四万八千里。除极去夏至之日十一万九千里。冬至之夜半，日光南不至人所见七千里，倍日光所照里数，以减冬至日道径四十七万六千里，又除冬至日中去周十三万五千里。不至极下七万一千里。从极至夜半除所照十六万七千里。夏至之日中与夜半，日光九万六千里，过极相接[28]。倍日光所照，以夏至日道径减之，余即相接之数。冬至之日中与夜半，日光不相及[29]十四万二千里，不至极下七万一千里。倍日光所照，以减冬至日道径，余即不相及之数。半之，即各不至极下。

　　“夏至之日正东西望[30]，直周东西[31]日下[32]至周五万九千五百九十八里半。求之术，以夏至日道径二十三万八千里为弦，倍极去周十万三千里，得二十万六千里为股，为之求勾。以股自乘减弦自乘，其余开方除之，得勾一十一万九千一百九十七里有奇，半之各得东西[33]数。冬至之日，正东西方不见日。正东西方者，周之卯酉。日在十六万七千里之外，故不见日。以算求之[34]，日下至周二十一万四千五百五十七里半。求之术，以冬至日道径四十七万六千里为弦，倍极去周十万三千里，得二十万六千里为勾，为之求股。勾自乘，减弦之自乘，其余开方除之，得四十二万九千一百一十五里有奇，半之各得东西数。凡此数者，日道之发敛[35]，凡此上周径之数者，日道往还之所至，昼夜长短之所极。冬至、夏至，观律之数，听钟之音[36]。观律数之生，听钟音之变，知寒暑之极，明代序之化也。**冬至昼，夏至夜**，冬至昼夜日道径半之，得夏至昼夜日道径。法置冬至日道径四十七万六千里，半之得夏至日中去冬至夜半二十三万八千里，以四极之里也。**差数所及，日光所逯[37] 观之**，以差数之所及，日光所逯[38]，以此观之，则四极之穷也。**四极径八十一万里[39]**。从极南至冬至日中二十三万八千里，又日光所照十六万七千里，凡径四十万五千里，北至其夜半亦然。故曰"径八十一万里"。八十一者，阳数之终，日之所极。**周二百四十三万里**。三乘径即周。

"**从周南至日照处三十万二千里，**半径除周去极十万三千里。**周北至日照处五十万八千里，**半径加周去极十万三千里。**东西各三十九万一千六百八十三里半[40]**。求之术，以径八十一万里为弦，倍去周十万三千里，得二十万六千里为勾，为之求股，得七十八万三千三百六十七里有奇，半之各得东西之数。周在天中南十万三千里，故东西短中径二万六千六百三十二里有奇[41]，求短[42]中径二万六千六百三十二里有奇法：列八十一万里，以周东西七十八万三千三百六十七里有奇减之，余即短[43]中径之数。周北五十万八千里。冬至日十三万五千里，冬至日道径四十七万六千里，周百四十二万八千里[44]。日光四极，当周东西各三十九万一千六百八十三里有奇。"

**【注释】**

〔1〕日中无影：正午立表无暑影。

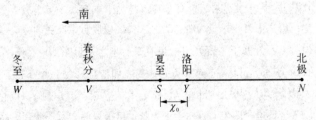

**图三十 观测点与北极、两至点距离关系示意图**

〔2〕极：指极下之地。底本等原脱此"极"字，钱校本依顾观光说补。图三十示意极下与观测点之间的距离关系。为行文简洁计，本译注的图例均以洛阳作为周地（观测点）。

〔3〕夏至之日中：夏至正午无暑影处。

〔4〕夏至日道：即内衡。详见《陈子篇》三"七衡图"。

〔5〕其周七十一万四千里：周长等于直径乘以圆周率3，所以得714 000里。

〔6〕天戴日行：天戴日运行一周。底本作"夫戴日行"，据胡刻本、戴校本改。

〔7〕冬至之日中：冬至正午无晷影处。

〔8〕冬至日道：即外衡。详见《陈子篇》三"七衡图"。

〔9〕春、秋分之日中：春、秋分正午无晷影处。

〔10〕月之道常缘宿，日道亦与宿正：月球〔视〕运行的轨道沿着二十八宿穿行，太阳〔视〕运行的轨道也以二十八宿来标示。关于二十八宿的介绍，参见《周髀天文篇》三"二十八宿"。

〔11〕黄道：地球上的人看太阳于一年内在恒星间所运行的视路径，即地球的公转轨道平面与天球相交的大圆。月球绕地球运行的轨道平面与天球相交的大圆称为白道。

〔12〕月：底本、胡刻本作"日"，据戴校本、钱校本改。

〔13〕五月二十三分月之二十一道一交：每隔五又二十三分之二十个月白道与黄道交会一次。

〔14〕中衡：七衡图的中衡，春、秋分日道，详见《陈子篇》三"七衡图"。

〔15〕径：指七衡图中黄道的直径。详见《陈子篇》三"七衡图"。

〔16〕日夜分：昼夜之交。春、秋分时，昼夜应等长。但按陈子的七衡图和光照半径理论，春、秋分时白天长度只有黑夜的一半，无法解释昼夜等长的现象。

〔17〕极下常有日光：极下整天在光照半径内，一直有日光。

〔18〕极下常无日光：极下整天在光照半径外，一直无日光。

〔19〕极：在《周髀算经》盖天宇宙模型中，此"极"应指"极区"。

〔20〕发敛：往还。

〔21〕阴阳之修，昼夜之象：指春、秋分时，阴阳相平衡，昼夜长短相等。

〔22〕日照四旁各十六万七千里：日光照耀每个方向的最大距离都是167 000里。此一概念相当于光照半径是167 000里，在陈子模型中，这是一个特质性的概念。由于光照半径的引入，陈子模型大致上可解释昼夜现象及昼夜长短随着太阳轨道迁移的变化，同时也可以解释北极之下一年四季所见日光现象（详见程贞一、席泽宗《陈子模型和早期对于太阳的测量》）。对于光照半径数值（167 000里）的来源，学术界颇有分歧。有些主张光照半径从设定的宇宙直径810 000里推导而来（参阅钱宝琮《盖天说源流考》；程贞一、席泽宗《陈子模型和早期对于太阳的测量》；曲安京《〈周髀算经〉的盖天说：别无选择的宇宙结构》）。有些认为这是《周髀算经》宇宙模型中引入的一个公理（参阅江晓原《周髀算经——中国古代唯一的公理化尝试》）。有些以二至日

出、春分落日或春分日出时太阳离周城的直线距离推算光照半径（参阅唐如川《对陈遵妫先生〈中国古代天文学简史〉中关于盖天说的几个问题的商榷》；陈文熙《平天说》；陈斌惠《〈周髀算经〉光程极限数值来由新探》）。陈子模型的光照半径只考虑到二维平面的情形，唐如川等按立体几何用三维推算太阳离周城的直线距离，与陈子模型不合。有学者指出"光照四旁 167 000 里，就是中衡半径减去旋机半径之数。光照到旋机（原文如此——笔者注）就算到了北极"（参阅李志超《戴震与周髀研究》）。光照半径的确定，一要能解释陈子模型的理论。陈子说："故春、秋分之日夜分之时，日光所照适至极。"二要能印证"观律之数，听钟之音"。按"日光所照适至极"计算，在陈子宇宙模型中，如果"极"指"天心"，光照半径应取

$$103\,000\text{ 里} + 16\,000\text{ 里} + \frac{(135\,000 - 16\,000)}{2}\text{ 里} = 178\,500\text{ 里。}$$

如果"极"指"北极星"，光照半径应从 178 500 里减去北极星和天心的距离（即《周髀天文篇》二所称"璇玑"的半径）。璇玑的半径等于 11 500 里（参见《周髀天文篇》二），所以光照半径等于 178 500 里 – 11 500 里 = 167 000 里。如取光照半径 = 167 000 里，在陈子模型中可推得"四极"直径等于 81 万里，与生律之数 81 正好相协。实际上陈子是倒过来推算，先取 81 万里为四极直径，再推得光照半径为 167 000 里。为了满足"日光所照适至极"，陈子将春秋分日道（中衡）半径（178 500 里）减去光照半径（167 000 里）得到"极区"（卷下《周髀天文篇》二中明确定义为"璇玑"）的半径（11 500 里）以作修正。赵爽注："至极者，谓璇玑之际为阳绝阴彰。以日夜分之时而日光有所不逮，故知日旁照十六万七千里，不及天中一万一千五百里也。"因为"极"既可看作一个点，又可看作一个圆，陈子这一修正可自圆其说。进一步的分析还表明，只要设定 81 万里这一宇宙直径，利用"寸差千里"这一公式，陈子模型中其他数据均可在其框架中合理推算出来。尽管囿于历史认识水平和模型的局限性，陈子模型的天地数据与我们现在了解的相去甚远，但是陈子模型给昼夜现象和季节变化与日月（视）运行的理论关系提供了一种解释。

〔23〕璇玑：在盖天模型中北极星围绕天北极（视）运行，作拱极运动所划出的柱形空间。

〔24〕日夜分：底本脱"分"字，胡刻本脱"夜分"二字，据钱校本补。

〔25〕人所望见，远近宜如日光所照：人目所能望见的距离等于日光所照的范围。

〔26〕以：底本作"巳"，据明刻本、戴校本改。

〔27〕中：底本脱"中"，据钱校本补。

〔28〕过极相接：日光越过极下，相互重合（参见图三十一）。

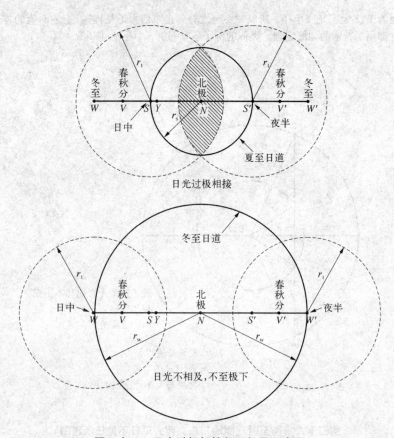

**图三十一　日光过极相接与不相及示意图**

〔29〕日光不相及：日光不交接。参见图三十一。

〔30〕夏至之日正东西望：夏至之日从周地向正东西方向望去。

〔31〕直周东西：通过周地的东西方向线。

〔32〕日下：日落处。

〔33〕东西：底本作"周半"，钱校本据下文赵爽对冬至算法之注改，今从。

〔34〕以算求之：以算法求解。如图三十二所示：

夏至日日落处到周地的距离 $S''Y = \sqrt{r_s^2 - r_y^2}$ = 59 598.5 里。

冬至日日落处到周地的距离 $W''Y = \sqrt{r_w^2 - r_y^2}$ = 214 557.5 里。

因为 $W''Y$ 大于光照半径，所以"冬至之日，正东西方不见日"。上述两值的推算都用了普遍的勾股定理。类似的例子还有一例，参见注〔40〕。

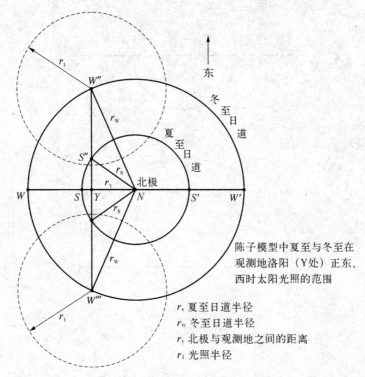

**图三十二　两至时观测地正东、西方见日不见日示意图**

〔35〕发敛：往返。

〔36〕冬至、夏至，观律之数，听钟之音：冬至、夏至的日光晷影之变化，可通过律数的观察和钟音的辨听来作印证分析，陈子主张"同术相学，同事相观"，由此他认为日光晷影在冬至、夏至的变化可试用钟声音律的变化来分析。

〔37〕遝（dà）：底本等作"还"，据孙诒让说改。遝，义与"逮"通。

〔38〕遝：底本等作"还"，据孙诒让说改。

〔39〕四极径八十一万里：根据陈子的推算法，四极指阳光所能覆盖的四面八方的范围，即"日光四极"。由冬至日道半径 238 000 里和太阳的光照半径 167 000 里，陈子求得日光四极的直径等于

$$2 \times （238\,000 里 + 167\,000 里）= 810\,000 里。$$

因为"四极径八十一万里"中的数字"81"正巧是《管子》所载五声音阶"宫音"的"生成数"："凡将起五音，凡首，先主一而三之，四开以合九九。以是生黄钟小素之首，以成宫。"（《管子·地员篇》）值得注意的是，这里所述的五声生成法就是"三分损益法"。在此五声生成步骤中，其生律之数需要被3除四次，数81正是能被3整除四次的最小整数。由此可见，选数"81"为生律之起算数很可能在于避免非整数。

〔40〕东西各三十九万一千六百八十三里半：向东或向西到日照极限处各三十九万一千六百八十三里半。此值的求取，应用了普遍的勾股定理。以日光四极的半径$\left(\dfrac{810\,000}{2}\text{里}\right)$为弦，周地到北极的距离（103 000里）为勾，以向东（或西）到日照极限处的距离为股，即可算得股为391 683.5里。

〔41〕东西短中径二万六千六百三十二里有奇：此句意思是东西方向两个日照极限处的距离比天中的日光四极直径短少26 632里多一点，用日光四极的直径（810 000里）减去上文的391 683.5里的两倍，即得此数。短：底本、胡刻本作"矩"，依戴校本改。

〔42〕短：底本作"矩"，依胡刻本、戴校本改。

〔43〕短：底本、胡刻本作"矩"，依戴校本改。

〔44〕周北五十万八千里。冬至日十三万五千里，冬至日道径四十七万六千里，周百四十二万八千里：这几句与上下文不连贯，疑为衍文。

## 【译文】

"夏至，太阳在离测量点南边16 000里处的天空上；冬至，太阳在离测量点南边135 000里处的天空上；在正当中午时，竖立的表竿没有日影。由此看来，从极下向南到夏至正午的无日影之地119 000里，几处提到的极，指天之中央。极离周地十万三千里，也指极与天中一致时，再加夏至日离周地正南方正午无日影之地的一万六千里就是了。从极下向北到夏至夜半之地也是一样距离，日在极北正好对称。直径共238 000里，合并南北之数。这是夏至日道的直径。径，指圆的直径。其周长714 000里。周，周长。说天载日运行一周，周长等于三乘以直径。从夏至正午的无日影之地到冬至正午的无日影之地119 000里，冬至正午的无日影之地离周地十三万五千里，减去夏至正午的无日影之地离周地一万六千里。向北到极下也是同样距离。那么从极下向南到冬至正午的无日影之地238 000里，从极下向北到冬至夜半之地也是一样距离。直径476 000里，这是冬至日道的直径。其周长1 428 000里。从正值春、秋分正午的无日影之地，向北到极下 178 500 里。春、秋分的暑影长七尺五寸五分，加上测望北极之勾（暑影）长一丈三寸。从极下向北到正值春、秋分夜半之地，距离也是一样。直径 357 000 里，周长 1 071 000 里。所以说，月亮［视］运行的轨道沿着二十八宿穿行，太阳［视］运行的轨道也以二十八宿来标示。内衡之南，外衡之北，像圆规一样圆的是黄道，上面布列二十八宿。月亮（在白道上）运行，在黄道附近一出一入，或表或里；白道与黄道每隔五又二十三分之二十个月交会一次，叫做合朔交会及月蚀相隔之数，所以叫"缘宿"。太阳行黄道以宿为标示，所以叫"宿正"。（在七衡图里，）中衡的数据与黄道相等。向南到夏至正午的无日影之地，向北到冬至的夜半之地；向南到冬至正午的无日影之地，向北到夏至的夜半之地，是黄道的直径，也是 357 000 里，周长是 1 071 000 里。这些都是黄道的数据，与中衡相等。

"春分日的昼夜之交到秋分日的昼夜之交，极下经常有日光。春、秋分时昼夜相等。春分到秋分，太阳运行的轨道离内衡近，靠近极，所以日光能照到。秋分日的昼夜之交到春分的昼夜之交，极下经常无日光。秋分到春分，太阳运行的轨道离外衡近，远离极，所以日光不能照到。所以春、秋分的昼夜相交之时，日光所照恰好到极区，白天、黑夜的长度相等。冬至、夏至，是日道往返到终点所形成的，分别达到昼夜长短的极值。发，往。欲，返。极，终极。春分、秋分时，阴阳相平衡，昼夜长短相等。修，就是长。谓阴阳平衡、昼夜长短相等。昼属阳，夜属阴，以明暗来区分阴阳之象。春分到秋分，呈阳昼的现象。北极下能见到日光。光照时间长，有利万物生长，所以呈昼的现象。秋分到春分，呈阴夜的现象。北极下不能见到日光，光照时间短，会导致生物死亡，所以呈夜的现象。所以春、秋分的正午，日光照到北极下；春、秋分的夜半，日光之所照亦向南到北极下。这是日夜长度相等的时刻。所以说：日光照射的半径为 167 000 里。到极下，是以璇玑的边际作为阳气消绝、阴气旺盛的分界。根据日夜交替之时而日光正好照不到，所以知日光照射的半径为十六万七千里，离天中尚有一万一千五百里。人目所能望见的距离，应当如同太阳光照四旁的半径。太阳距离我十六万七千里以内能照到我。我的眼睛也能见到它，所以称为日出。太阳距离我十六万七千里之外，已不能照到我，我也看不见它，所以称为日入。这是说日与目能相见的距离是在十六万七千里之中，所以说"远近宜如日光之所照"。从周地所能望见的距离，向北超过北极 64 000 里，从此以下，各处讲到减的场合，都取日光之所照，如人目之所见十六万七千里需要减去，这里减去北极至周地的十万三千里。向南超过冬至正午无影之地 32 000 里。减去冬至正午无影之地距离周地的十三万五千里。由夏至正午无影之地算起，阳光向南超过冬至正午无影之地 48 000 里，减去与冬至正午无影之地相距的十一万九千里。向南超过人目所能望见的 16 000 里，夏至正午的无影之地距离周地一万六千里。向北超过周地 151 000 里，减去周地与夏至正午无影之地相距的一万六千里。向北超过北极 48 000 里。减去北极离夏至正午无影之地的十一万九千里。冬至日之夜半，日光向南不及人目所见极限 7 000 里，冬至日道径四十七万六千里，减去两倍的日光所照里数，又减去冬至正午无影之地距离周地的十三万五千里。尚离极下 71 000 里。从北极向北至夜半的二十三万八千里减去日光所照半径十六万七千里。夏至的正午与夜半，日光越过极下，相互重合达 96 000 里。以夏至日道直径，减去两倍的日光所照半径，余数就是相互重合之数。冬至的正午与夜半，日光不相交接，中间相距 142 000 里，离极下各 71 000 里。以冬至日道直径，减去两倍的日光所照半径，余数就是相离之数。除以二，就是各自离极下之数。

　　"夏至之日从周地向正东西方向望去，通过周地的东西方向线，日落处距离周地 59 598.5 里。求此数的方法：以夏至日道径二十三万八千里为弦，将北极离周地的十万三千里加倍，得到二十万六千里为股，用它们求勾；以弦平方减去股平方，将余数开方，得到勾等于十一万九千一百九十七里有余，除以二，就是向东或向西的距离。冬至日时，在周地的正东西方向望不见太阳。周地的正东西方向在卯酉。日在十六万七千里之外，所以不见日。以算法求解，可得日落处离周地 214 557.5 里。求此数的方法：以冬至日道径四十七万六千里为弦，将北极离周地的十万三千里加倍，得到二十万六千里为勾，用它们求股；以弦平方减去勾平方，将余数开方，得到四十二万九千一百一十五里有余，除以二，就是向东或向西的距离。这类周径数值，关系日道的往返，凡是这类周长、直径的数值，是日道往返所到之处，昼夜长短的终始。冬至、夏至的变化，可从研究律数，分析音律得到印证。观察律数的生成，听钟音的变化，可知寒暑的终始，明白时序更替的变化。根据冬至白天、夏至夜晚，冬至昼夜日道直径除以二，得夏至昼夜日道直径。方法是：取冬至日道直径四十七万六千里，除以二得夏至正午到夏至夜半二十三万八千里，以此作为二至昼夜太阳轨道的里数。太阳轨道变化的极限，加上日光所能照到的极限分析，以太阳运行轨道的最大变化范围，加上太阳光线所能照到的范围，由此定义四极的边界。可知日光四极的直径为 810 000 里。从北极向南至冬至正午的无影之地二十三万八千里，加上日光所照十六万七千里，共长四十万五千里，向北至其夜半亦一样距离。所以说日光四极直径八十一万里。八十一是阳数终了之数，也是日光四极之数。周长为 2 430 000 里。直径乘以三就是周长。

"从周地向南到日照极限处 302 000 里。四极半径减去周地离北极的十万三千里。从周地向北到日照极限处 508 000 里。四极半径加上周地离北极的十万三千里。向东或向西到日照极限处各391 683.5里。计算的方法：以四极直径八十一万里为弦，以北极离周地的十万三千里乘以二，得二十万六千里为勾；用它们求股，得七十八万三千三百六十七里有余，除以二，得到向东或向西到日照极限处的距离。周地在天中的南面 103 000 里，所以东西方向日照极限处的跨距比天中的日光四极直径短少 26 632 里多。求日照极限处的跨距比四极直径少二万六千六百三十二里有余之法：取八十一万里，减去周地东西跨距七十八万三千三百六十七里有余，余数就是跨距比四极直径短少之数。（周北五十万八千里。冬至日十三万五千里，冬至日道径四十七万六千里，周百四十二万八千里。）日光能照到的四极，在周地东西方向各391 683 里多一点。"

## 李淳风附注（一）：斜面重差和暑影差变[1]

臣淳风等谨按：夏至王城[2]望日，立两表相去二千里，表高八尺。影去前表一尺五寸，去后表一尺七寸。旧术以前后影差二寸为法，以前影寸数乘表间为实，实如法得万五千里，为日下去南表里。又以表高八十寸乘表间为实，实如法得八万里，为表上去日里。仍以表寸为日高，影寸为日下。待日渐高[3]，候日影六尺，用之为勾，以表为股，为之求弦，得十万里为邪表[4]数目。取管圆孔径一寸，长八尺，望日满筒以为率。长八十寸为一[5]，邪去日十万里，日径即千二百五十里。

以理推之，法云："天之处心高于外衡六万里者[6]"，此乃语与术违。勾六尺，股八尺，弦十尺，角隅正方自然之数。盖依绳水[7]之定，施之于表矩。然则天无别体，用日以为高下，术既平而迁[8]，高下从何而出？语术相违，是为大失。

又按二表下地[9]，依水平法定其高下。若此表[10]地高则以为勾，以间为弦[11]。置其高数，其影乘之，其表除之。所得益股为定间<sup>[12]</sup>。若此表下者，亦置所下，以法乘、除。所得以减股为定间<sup>[13]</sup>。又以高、下之数与间相约，为地高、远之率。求远者，影乘定间，差法而一。［所得加影，日之远也。求高者，表乘定间，差法而一。］<sup>[14]</sup>所得加表，日之高也。求邪去地者，弦乘定间，差法而一。所得加弦，日邪去地<sup>[15]</sup>。此三等至皆以日为正<sup>[16]</sup>。求日下地高下者，置戴日之远近，地高下率乘之，如间率而一<sup>[17]</sup>。所得为日下地高下。形势隆杀<sup>[18]</sup>与表间同，可依此率。若形势不等，非世所知<sup>[19]</sup>。

率日径求日大小者，径率乘间<sup>[20]</sup>，如法而一，得日径。此径当即得，不待影长六尺<sup>[21]</sup>。凡度日<sup>[22]</sup>者，先须定二矩<sup>[23]</sup>水平者，影南北<sup>[24]</sup>，立勾齐高四尺，相去二丈。以二弦候牵于勾上。并率二则<sup>[25]</sup>拟为候影。勾上立表，弦下望日。前一则上畔<sup>[26]</sup>，后一则下畔<sup>[27]</sup>，引则就影，令与表日参直。二至前后三四日间，影不移处即是当以候表。并望人取一影亦可，日径、影端、表头为则<sup>[28]</sup>。

然地有高下，表望不同，后六术乃穷其实：

第一，后高前下<sup>[29]</sup>术。高为勾<sup>[30]</sup>，表间为弦<sup>[31]</sup>，后复影为所求率，表为所有率，以勾为所有数<sup>[32]</sup>，所得益股为定间<sup>[33]</sup>。

第二，后下术<sup>[34]</sup>。以其所下为勾<sup>[35]</sup>，表间为弦<sup>[36]</sup>。置其所下，以影乘，表除，所得减股，余为定间<sup>[37]</sup>。

第三，邪下术<sup>[38]</sup>。依其高率<sup>[39]</sup>，高其勾影<sup>[40]</sup>，合与地势隆杀相似<sup>[41]</sup>，余同平法<sup>[42]</sup>。假令髀邪下而南，其邪亦同，不须别望。但弦短<sup>[43]</sup>，与勾股不得相应。其南里数<sup>[44]</sup>，亦随地势，不得校平，平则促<sup>[45]</sup>。若用此术，但得南望。若北望<sup>[46]</sup>者，即用勾影南下之术<sup>[47]</sup>，当北高之地。

第四，邪上术。依其后下之率<sup>[48]</sup>，下其勾影<sup>[49]</sup>，此谓回望北极以为高远者。望去取差，亦同南望。此术弦长，亦与勾股不得相应<sup>[50]</sup>。唯得北望，不得南望。若南望者，即用勾影北高之术。

第五，平术。不论高下，《周髀》度日用此平术。故东、西、南、北四望皆通，近远一差，不须别术。

第六术者，是外衡。其经云：四十七万六千里。半之得二十三万八千里者，是外衡去天心之处。心高于外衡六万里为率，南行二十三万八千里，下校六万里约之，得南行一百一十九里，下较三十里；一百一十九步，差下三十步；则三十九步太强[51]，差下十步。以此为准，则不合有平地。地既平而用术，尤乖理验。

且自古论晷影差变，每有不同，今略其梗概，取其推步[52]之要。

《尚书考灵曜》[53]云：“日永影尺五寸，日短一十三尺[54]，日正南千里而减一寸。”张衡《灵宪》云：“悬天之晷，薄地之仪，皆移千里而差一寸。”郑玄注《周礼》云：“凡日影于地，千里而差一寸。”王蕃[55]、姜岌[56]因为此说。按前诸说，差数并同，其言更出书，非直有此。以事考量，恐非实矣。

谨案：宋元嘉十九年岁在壬午[57]，遣使往交州[58]度日影，夏至之日影在表南三寸二分。《太康地志》[59]：交趾[60]去洛阳一万一千里，阳城[61]去洛阳一百八十里。交趾西南，望阳城、洛阳，在其东北[62]。较而言之，今阳城去交趾近于洛阳去交趾一百八十里，则交趾去阳城一万八百二十里，而影差尺有八寸二分[63]，是六百里而影差一寸也。况复人路迂回，羊肠曲折，方于鸟道，所较弥多。以事验之，又未盈五百里而差一寸，明矣。千里之言，固非实也。何承天[64]又云：“诏以土圭测影，考较二至，差三日有余。从来积岁及交州所上，检[65]其增减，亦相符合。”此则影差之验也。

《周礼·大司徒》职曰：“夏至之影尺有五寸。”马融以为洛阳，郑玄以为阳城。《尚书考灵曜》：“日永影一尺五寸，日短十三尺[66]。”《易纬通卦验》[67]：“夏至影尺有四寸八分，冬至一丈三尺。”刘向《洪范传》[68]：“夏至影一尺五寸八分。”是时汉都长安[69]，而向不言测影处所。若在长安，则非晷影之正也。夏至影长一尺五寸八分，冬至一丈三尺一寸四分。向又云："春秋分长七尺三寸六分。"此即总是虚妄。

《后汉·历志》[70]："夏至影一尺五寸。"后汉洛阳冬至一丈三尺。自梁天监[71]已前并同此数。魏景初[72]，夏至影一尺五寸。魏初都许昌，与颍川相近[73]；后都洛阳，又在地中之数。但《易纬》因汉历旧影，似不别影之，冬至一丈三尺。晋姜岌影一尺五寸。晋都建康在江表[74]，验影之数遥取阳城，冬至一丈三尺。宋大明祖冲之历[75]，夏至影一尺五寸。宋都秣陵[76]遥取影同前，冬至一丈三尺。后魏信都芳注《周髀四术》[77]云："按永平元年[78]戊子是梁天监之七年也，见洛阳测影，又见公孙崇集诸朝士共观秘书影，同是夏至之日，以八尺之表测日中影，皆长一尺五寸八分。"虽无六寸，近六寸。梁武帝大同十年[79]，太史令虞𠠎[80]以九尺表于江左建康[81]测，夏至日中影，长一尺三寸二分；以八尺表测之，影长一尺一寸七分强。冬至一丈三尺七分；八尺表影长一丈一尺六寸二分弱。隋开皇元年[82]，冬至影长一丈二尺七寸二分。开皇二年，夏至影一尺四寸八分。冬至长安测，夏至洛阳测。及王邵《隋灵感志》[83]，冬至一丈二尺七寸二分，长安测也。开皇四年，夏至一尺四寸八分，洛阳测也。冬至一丈二尺八寸八分，洛阳测也。大唐贞观三年己丑五月二十三日癸亥[84]夏至，中影一尺四寸六分，长安测也。十一月二十九日丙寅冬至，中影一丈二尺六寸三分，长安测也。按汉、魏及隋所记夏至中影或长短，齐其盈缩之中，则夏至之影尺有五寸，为近定实矣。以《周官》推之，洛阳为所交会，则冬至一丈二尺五寸，亦为近矣。按梁武帝都金陵[85]，去[86]洛阳南北大较千里，以尺表，令[87]其有九尺影，则大同十年江左八尺表夏至中影长一尺一寸七分。若是为夏至八尺表千里而差四寸弱[88]矣。

此推验即是夏至影差升降不同，南北远近数亦有异。若以一等永定，恐皆乖理之实。

【注释】

〔1〕这附注是李淳风在陈子求得太阳水平距离 $\chi_B$，太阳斜高距离 $R_s$ 和太阳线直径 $d_s$ 之后，所写约两千字的注。标题为笔者所加。在这长注中，李淳风先是大略复述了陈子在平面大地上求各种天地之数的方法，他认为《周髀》本文的描述与术法有矛盾。然后李淳风将重差术在平面上的应用推广到斜面上的应用，并在注释中给出了一系列的公式，用以解决多种情况下的斜面重差问题。其中包括后表地高或后表地低时求日远、日高、日距之法，讨论了斜面上测量的问题，归纳出邪下术、邪上术等"六术"。陈子推算太阳距离和线直径所采取的方法的确牵涉到重差公式，见"荣方问陈子（二）"之注〔16〕到注〔23〕。值得注意的是，重差公式的应用须满足二望双测法的必要条件，那就是被测之物在两地测量时必须在同一位置。对太阳来说，只有把两地的测量时间设在同一时候才能满足这条件。正如陈子日高图所示，在两地测量太阳时，太阳在同一位置。但是，在实际推算太阳水平距离 $\chi_B$ 时，陈子采取了夏至和冬至二组不同时间同一地的测量数据，$(\chi_S, \lambda_S) = (16\ 000\ 里, 16\ 寸)$ 和 $(\chi_W, \lambda_W) = (135\ 000\ 里, 135\ 寸)$ 进行推算。利用了重差公式（2-1-5），陈子得出太阳水平距离 $\chi_B$ 为 60 000 里 ［见公式（2-1-6）］，然后得出斜高距离 $R_s$ 和线直径 $d_s$。这说明陈子认为太阳在天空南北的平移可用设在地上的周髀的南北迁移来模拟。在"荣方问陈子（二）"之注〔22〕中已解说，陈子天地相应假设相当于现代所谓的"平行面"天地模型。这模型假设太阳运行于一个与测量地水平面平行的平行面内。这就是说，陈子的"勾之损益寸千里"公式是在"平行面"天地模型下推导出来的。李淳风提出把重差法推广到斜面上的目的是为了改进太阳运行测算公式"勾之损益寸千里"。从天文学角度来看，改进太阳运行测算，首先得放弃采用不同时间、同一地点的测量数据作为不同地点、同一时间的数据的实施。那就是说，仅仅对"平行面"天地模型和由此模型所推导出来的"勾之损益寸千里"公式，作一些地斜面测算来修改是不够的。李淳风时代相隔陈子时代已超过千年以上，多种太阳运行测算方法已创造得成，譬如刘焯（544—610）在皇极历中应用的等距二次内差法。其实，李淳风本人在麟德历中也采用了等距二次内差法。李淳风在此的附注得从数学和数学史角度来分析。傅大为、刘钝和曲安京等先后对李淳风的斜面重差术作了比较有系统的研究。（参阅傅大为《论〈周髀〉研究传统的历史发展与转折》，刘钝《关于李淳风斜面重差术的几个问题》，曲安京《〈周髀算经〉新议》第79—87页。）根据他们研究，李淳风的"邪下术"和"邪上术"可能已把重差法由勾股三角形推广到一般相似三角形。

〔2〕王城：西周王城（今河南洛阳），但当年长时期内进行天文观测的周公测景台在阳城（今河南省登封县告成镇）。故陈子测日所在地可能是洛阳或阳城。

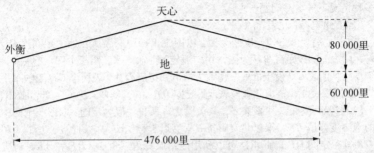

**图三十三　李淳风的斜面天地模型**

（据傅大为《异时空里的知识追逐》第25页图1引绘）

〔3〕待日渐高：此段李淳风复述陈子测日高法的大意。按陈子模型，天地间距离一定，日无高低之分。按李淳风斜面天地模型（参见图三十三），日有高下之分。

〔4〕邪表：相似的大直角三角形的斜边，即太阳离测表的距离。

〔5〕长八十寸为一：管长八十寸相当于日径一寸。

〔6〕天之处心高于外衡六万里者：指《周髀算经》卷下说："天之中央亦高四旁六万里。"外衡：冬至太阳轨道，详见《陈子篇·七衡图》。

〔7〕绳水：准绳和定水平器。

〔8〕术既平而迁：既然算法基于太阳平移。迁：移动。

〔9〕二表下地：南北二表立于斜坡上（参见注〔11〕图三十四）。上文李

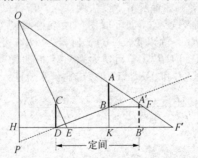

**图三十四　"后高前下"二望测高法的示意图**

（根据曲安京《〈周髀算经〉新议》图26引绘）　图中 $O$：日；$CD$：前表；$AB$：后表；$BK$：两表地高度差；$BF$：后表影长。

淳风基本上复述了陈子在平面大地上求各种天地之数的方法，在此李淳风开始将平面重差术推广到斜面大地的情形。他在注释中给出了大量的公式，用以解决多种情况下的重差问题。

〔10〕此表：指北表。

〔11〕地高则以为勾，以间为弦：以图三十四中两表所在地的地高度差 $BK$ 为勾，两表的斜线距离 $BD$ 为弦，用勾股定理求股 $DK$。图三十四示意后表 $AB$ 设于高处，前表 $CD$ 设于低处。傅大为指出如把后表 $AB$ 表移至 $CD$ 表的水平面 $HD$ 得虚拟后表 $A'B'$，由此虚拟表得定间 $DB'$。（参阅傅大为，第 28 页图 3）

〔12〕置其高数，其影乘之，其表除之。所得益股为定间：取图三十四中两表的地高度差值 $BK$，乘以北表影长 $BF$，除以表长 $AB$，得到 $KB'$。所得 $KB'$ 加股 $DK$ 等于定间 $DB'$。此求法可以利用两相似直角三角形 $ABF$ 和 $AKF$ 对应边成比例来验证：

$$\frac{AB}{BF} = \frac{AB + BK}{KB' + B'F'} = \frac{AB + BK}{KB' + BF}。$$

化简后即得

$$KB' = \frac{(BF)(BK)}{AB}。$$

定间 
$$DB' = KB' + DK。$$

定间：虚拟表间，系李淳风引入的术语，作斜面和平面重差变换的过渡之用。（参阅傅大为，第 27 页）通过"定间"，把斜面上的"表间"和两表高差变换成平面上的虚拟表间，从而可以套用现成的重差公式，算得日高、日斜去地、日下去表距离等数值。（参见下文注〔14〕、〔15〕）

〔13〕若此表下者，亦置所下，以法乘、除。所得以减股为定间：如图三十五所示，北表地势较低，也可取图中两表的高度差 $DK$，依前法乘、除（乘以北表影长 $BF$，除以表长 $AB$），所得为 $BK'$。根据傅大为，股 $BK$ 减去所得 $BK'$ 等于定间 $DB'$（参阅傅大为，第 29 页图 4）。此求法可利用两相似直角三角形 $ABF$ 和 $A'K'F$ 对应边成比例来验证：

$$\frac{AB}{BF} = \frac{A'B' + B'K'}{BK' + BF} = \frac{AB + DK}{BK' + BF}。$$

化简后即得

$$BK' = \frac{(BF)(DK)}{AB}。$$

定间 
$$DB' = KK' = BK - BK'。$$

图三十五示意后表 $AB$ 设于低处，前表 $CD$ 设于高处。如把后表 $AB$ 移至 $CD$ 的

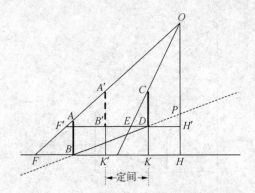

**图三十五　"前高后下"二望测高法的示意图**

（根据曲安京，图 27 引绘）　图中 $O$：日；$AB$：后
表；$CD$：前表；$DK$：两表地高度差；$BF$：后表影长。

水平面 $DH'$ 得虚拟后表 $A'B'$，由此虚拟表地得定间 $DB'$。

〔14〕所得加影，日之远也。求高者，表乘定间，差法而一：底本脱此十九字，依钱校本补。在此，李淳风给出了一组倾斜大地上的重差公式（参阅刘钝，第 104 页；曲安京，第 82 页图 28）。前一句为"求远者，影乘定间，差法而一。所得加影，日之远也"：即把图三十四中前表影长 $DE$ 乘以定间 $DB'$，除以影差 $| DE - BF |$，所得之商加上前表影长 $DE$，等于测点至日下的距离 $HE$。

$$HE = \frac{(DE)(DB')}{| DE - BF |} + DE。 \tag{2-1-12}$$

后一句为"求高者：表乘定间，差法而一。所得加表，日之高也"：即把图三十四中表长 $AB$ 乘以定间 $DB'$，除以影差 $| DE - BF |$，所得之商加上表长 $AB$，等于日高 $OH$。

$$OH = \frac{(AB)(DB')}{| DE - BF |} + AB。 \tag{2-1-13}$$

〔15〕求邪去地者，弦乘定间，差法而一。所得加弦，日邪去地：日邪去地，即测量地斜至日的距离 $OE$（参见图三十四）。其求法是：前表弦长 $CE$ 乘以定间 $DB'$，除以影差 $| DE - BF |$，所得之商加上前表弦长 $CE$，等于测量地斜至日的距离 $OE$。

$$OE = \frac{(CE)(DB')}{| DE - BF |} + CE。 \tag{2-1-14}$$

〔16〕此三等至皆以日为正：这三个公式都是假定观测点与日下在同一水平面上的高远之数。为了求得太阳实际高度与观测点距离太阳下地面的实际距离，李淳风在下文中提出了一组补充方案。正：法则。

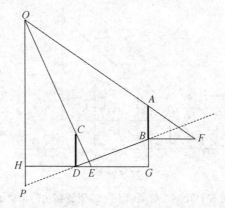

**图三十六　"倾斜大地"二望测高远法的示意图**

（根据曲安京，图28移正节点标记引绘）　　图中
$O$：日；$AB$：后表；$CD$：前表；$BG$：两表地高度差；
$DG$：两表水平距差。

〔17〕置戴日之远近，地高下率乘之，如间率而一：戴日：日的正下方。地高下率：两表地高差$BG$（参见图三十六）。间率：两表水平距离差$DG$。求倾斜大地的日高$OP$之法：取图三十六中观测点到日下的水平距离$DH$，乘以两表地高差$BG$，除以两表水平距离差$DG$，所得为日下地高低的校正数$HP$。加上据式2-1-13求得的日高$OH$，就是太阳的真正高度$OP$。

$$OP = \frac{(DH)(BG)}{DG} + OH。 \qquad (2-1-15)$$

〔18〕隆杀：地势高低。

〔19〕非世所知：不是当代的水平所能推求的。底本、胡刻本作"非代所知"，钱校本怀疑因避唐太宗李世民讳而改"世"为"代"，郭刘本依钱意改为"非世所知"，今从。

〔20〕间：太阳与观测点的距离（参阅刘钝，第107页）。

〔21〕率日径求日大小者，径率乘间，如法而一，得日径。此径当即得，不待影长六尺：李淳风指出陈子模型中通过相似三角形由管长和管径的比率求日径，只需将日与观测点的距离（100 000里）乘以比率（1/80），即乘以1，除以80，就得日径1 250里，影长六尺不是必要条件。

〔22〕度日：用平术测日径。此节李淳风描述了一种测量日径方案：用日高重差术的原理，分别求得太阳上顶和下端的高度，两者相减即得太阳直径。参见图三十七李淳风测日径法（参阅曲安京，第67—68页）。由表$AB$与$CD$，分别采集到推算太阳上顶高度及太阳下端高度的两组表影数据：$AE$、$CF$及$A$ $G$、$CH$；利用日高公式分别求得太阳上顶高度$PN$和下端高度$PM$，则太阳直

径 $MN = PN - PM$。将圭从地面升高四尺，是为了便于操作。平术：水平面上的重差求高术。

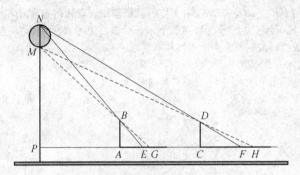

**图三十七　李淳风测日径法**

（引自《〈周髀算经〉新议》图24）

〔23〕二矩：此测量方案用到二表二勾，都用矩、绳定水平，所以说"二矩"。

〔24〕影南北：使二表之影在同一南北经线上。

〔25〕则：条，指瞄准线。

〔26〕上畔：太阳上顶。

〔27〕下畔：太阳下端。

〔28〕日径、影端、表头为则：太阳上顶、影端、表巅三点成一线。太阳下端、影端、表巅三点成一线。

〔29〕后高前下：二表的前后是相对于太阳所在的位置而言。参见图三十四后高前下术。

〔30〕高为勾：以两表的高度差 $BK$ 为勾。

〔31〕表间为弦：以两表间斜线距离 $BD$ 为弦。此处省略了由勾、弦根据勾股定理求股 $DK$ 的说明。底本作"一表为弦"，据胡刻本、钱校本改。

〔32〕后复影为所求率，表为所有率，以勾为所有数：以已知的所求率（后表影长 $BF$）乘所有数（勾，即两表高度差 $BK$），除以所有率（表长 $AB$），所得为所求数 $KB'$。参见注〔12〕。

〔33〕所得益股为定间：所得加上股等于定间。定间 $DB' = KB' + DK$。有了定间就把斜面问题转化为平面问题了。

〔34〕后下术：前高后下术，二表的前后是相对于太阳所在的位置而言。参见图三十五前高后下术。

〔35〕所下为勾：两表的高度差 $DK$ 为勾。

〔36〕表间为弦：以两表间斜线距离 $BD$ 为弦。用勾股定理可以求得股 $BK$。

〔37〕置其所下，以影乘，表除，所得减股，余为定间：取两表的高度差 $D$ $K$，乘以后表影长 $BF$，除以表长 $AB$；所得为 $BK'$。以股 $BK$ 减去所得 $BK'$，余数等于定间 $DB' = BK - BK'$。有了定间就把斜面问题转化为平面问题了。

〔38〕邪下术：前二术（后高前下术，前高后下术）的晷影都是在各自的水平面上取值，根据傅大为、刘钝和曲安京，邪下术（邪下重差术）和邪上术（邪上重差术）的晷影则是直接取自倾斜的地面（参阅傅大为，第 53 页附图 1，2；刘钝，第 105 页图 4，图 5；及曲安京，图 29，30）。

〔39〕高率：前后两表的水平高度差 $DG$。参见图三十八“邪下术”。

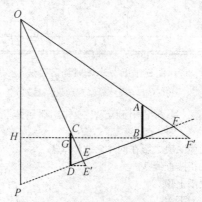

**图三十八　“邪下术”二望测高远法的示意图**

（根据刘钝，图 4；曲安京，图 29 引绘）　图中 $O$：日；$AB$：后表；$CD$：前表；$DG$：两表地高度差；$BF$：后表斜面影长；$BF'$：后表水平影长；$DE$：前表斜面影长；$DE'$：前表水平影长。$BD$：表间；$BH$：观测点 $B$ 到日下垂直距离。$OP$：邪下高；$PF$：邪下日远；$OF$：至日斜距。

〔40〕勾影：两表在倾斜的地面上的影长。

〔41〕合与地势隆杀相似：两表间地面斜率与测点至日下大地斜率相同。

〔42〕余同平法：剩余的部分就与使用水平面上晷影的求法一样，可以直接套用平面大地上的日高、日远、斜至日公式，由此应有下列三式（参阅曲安京，第 84 页）：

$$日高\quad OP = \frac{AB \times BD}{BF - DE} + AB \qquad (2-1-16)$$

$$日远\quad PF = \frac{BF \times BD}{BF - DE} + BF \qquad (2-1-17)$$

$$斜至日\quad FO = \frac{AF \times BD}{BF - DE} + AF \qquad (2-1-18)$$

套用平法的公式（余同平法）符合仿射变换的理论，是可行的。至于李淳风如何根据当时的数学水平，由特殊情形推到一般，得出上述结论，学术界作过一些推测，未有定论。（参见傅大为，第54—60页；刘钝，第108—109页；曲安京，第86—87页。）我们认为李淳风借用"勾"、"股"、"弦"之名描述一般锐角三角形和钝角三角形的三条边，强调"弦短，与勾股不得相应"和"此术弦长，亦与勾股不得相应"，除了众所周知的长短外，很可能意有所指，其证法仍与勾股形有关。李淳风可能是将锐角三角形分割为直角三角形，从而既可以运用现成的日高术，又可以利用相似勾股形对应边成比例的性质，经过简单运算，验证上述三式，也即"余同平法"的正确性。

〔43〕弦短：指此弦短于用同样的勾、股构成的直角三角形的斜边。李淳风借用"勾"、"股"、"弦"之名描述锐角三角形的三条边。底本"短"作"矩"，依胡刻本、钱校本改。

〔44〕南里数：后表至日下的斜面距离。

〔45〕平则促：促，追近，距离短。底本作"平则从"，依胡刻本、钱校本改。

〔46〕若北望：底本脱此三字，依胡刻本、钱校本补。

〔47〕勾影南下之术：即下文的邪上术。底本"影"作"股"，胡刻本"影"作"照"，戴校本等改为"影"，今从。

〔48〕后下之率：两表的水平高度差$DG$。参见图三十九邪上术。

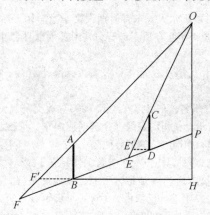

**图三十九 "邪上术"二望测高远法的示意图**

（根据刘钝，图5；曲安京，图30引绘） 图中$O$：日；$AB$：后表；$CD$：前表；$DG$：两表地高度差；$BF$：后表斜面影长；$BF'$：后表水平影长；$DE$：前表斜面影长；$DE'$：前表水平影长。$BD$：表间；$BH$：观测点$B$到日下垂直距离。$OP$：邪下日高；$PF$：邪下日远；$OF$：至日斜距。

〔49〕勾影：两表在倾斜的地面上的影长 $BF$、$DE$。

〔50〕此术弦长，亦与勾股不得相应：李淳风借用"勾"、"股"、"弦"之名描述钝角三角形的三条边。"弦"是指钝角三角形的大边 $AF$、$CE$，此弦长于用同样的勾、股构成的直角三角形的斜边。从邪下术变化为邪上术，是从锐角三角形推广到钝角三角形，但算法相似，所以李淳风说"望去取差，亦同南望"，可直接套用邪下术的三个公式（2-1-16，2-1-17，2-1-18）。

〔51〕三十九步太强：底本、胡刻本作"三十步大强"，戴校本改作"三十步太强"，钱校本依算法改为"三十九步太半步"。今据文意补改。

〔52〕推步：推算历法。

〔53〕《尚书考灵曜》：即《尚书纬·考灵曜》，汉代纬书。汉代依托儒家经义宣扬符箓瑞应占验之书，相对于经书，故称为纬书。《易》、《书》、《诗》、《礼》、《乐》、《春秋》及《孝经》均有纬书，称"七纬"。《考灵曜》是《尚书纬》之一种。已佚，有辑本。

〔54〕日短一十三尺：据《隋书·天文志》的《尚书考灵曜》引文，"日短"后当有"影"字。

〔55〕王蕃：三国时期庐江（今安徽庐江西南）人，天文数学家。研究和改制浑天仪，著有《浑天象注》等。仕吴，曾任散骑常侍等职。甘露二年（266）被孙皓杀害。

〔56〕姜岌：甘肃天水人，东晋时期天文学家。仕于后秦，所造《三纪甲子元历》，于公元 384 年起在后秦颁行。其中首创以月食冲法测日所在，提高了测量精度。

〔57〕宋元嘉十九年岁在壬午：宋文帝元嘉十九年，农历壬午年，公元 442 年。

〔58〕交州：古州名，东汉建安八年（203）改交趾刺史部为交州。三国吴分交州为交、广二州，交州治龙编（今越南河内东，天德江北岸），辖境包括今天越南北、中部和中国二广的部分地区。

〔59〕《太康地志》：《宋书》称《晋太康地志》或《太康地志》，不著撰人。《旧唐书·经籍志》作《地记》五卷，太康三年撰。《新唐书·艺文志》作《晋太康土地记》十卷。已散佚。（清）毕沅辑有《晋太康三年地志》。晋武帝司马炎太康三年是公元 282 年。"地志"：底本作"地里志"，胡刻本、戴校本作"地理志"，今据《宋书》及毕沅说改。

〔60〕交趾：古郡名，公元前二世纪初，南越赵陀置。公元前 111 年归汉，辖境相当今越南北部。东汉治龙编（今越南河内东，天德江北岸）。

〔61〕阳城：古县名，治所在今河南登封东南告成镇。

〔62〕东北：底本、胡刻本作"东南"，据钱校本改。

〔63〕尺有八寸二分：阳城日影在表北一尺五寸，交趾日影在表南三寸二分，影差为两者相加，得尺有八寸二分。郭刘本误将两数相减得"尺有一寸八分"作为影差，以为李淳风计算有误。实际上李淳风计算不误。

〔64〕何承天（370—447）：东海郯（今山东郯城西南）人，南朝宋天文学家。博通经史，精历算，通音律，所撰"元嘉历"，订正旧历所定的冬至时刻和冬至时日所在位置，于刘宋元嘉二十二年（445）颁行。为了求得更精确的朔望月数值，何承天创造了所谓调日法的数学方法，为后世历法家所广泛采用。

〔65〕检：底本等作"验"，钱校本据《宋书·历志》改，今从。

〔66〕日永影一尺五寸，日短十三尺：日永：夏至。日短：冬至。"日永影一尺五寸"之后，底本、胡刻本衍"郑玄以为阳城"六字，郭刘本校删，今从。据《隋书·天文志》的《尚书考灵曜》引文，"日短"后当有"影"字。

〔67〕《易纬通卦验》：纬书，旧分二卷，内容是阐释稽应之理，言卦气之征验。久佚，有辑本，但讹脱甚多。

〔68〕刘向《洪范传》：刘向（约公元前77—前6）：沛（今江苏沛县）人，西汉经学家、目录学家、文学家。曾校阅群书，撰成《别录》，开我国目录学之先河。《洪范传》：即《洪范五行传》，是以阴阳五行说讲灾异和占验的著作。

〔69〕长安：中国古都之一，西汉建都长安（今陕西西安市西北）。

〔70〕《后汉·历志》：即《后汉书·历志》，为《续汉书》志三十卷的作者晋朝司马彪所作。《后汉书》纪十卷和列传八十卷的作者是南朝宋范晔。北宋时，有人把两者合刊成一书，称为《后汉书》。

〔71〕梁天监：梁天监年间（502—519）。

〔72〕魏景初：魏景初年间（237—239）。

〔73〕都许昌，与颍川相近：魏初建都许昌（今河南许昌市东），近夏都颍川（今河南禹州市）。

〔74〕晋都建康在江表：东晋建都于江东建康（今江苏南京市）。晋：底本、胡刻本作"宋"，据戴校本、郭刘本改。

〔75〕宋大明祖冲之历：祖冲之（429—500），范阳遒（今河北涞水县北）人，南朝著名天文学家、数学家。以精确推算圆周率名世，还精于机械。祖冲之历：即"大明历"，祖冲之在刘宋大明六年（462）编成"大明历"，天监九年（510）正式颁布施行，是南北朝时最优秀的历法。

〔76〕秣陵：刘宋建都于秣陵（今江苏南京市）。

〔77〕后魏信都芳注《周髀四术》：信都芳，河间人，北魏天文数学家。曾将浑天、地动、漏刻等仪器绘成图册，编为《器准图》3卷。其注《周髀四

术》疑即《北史》所载信著《四术周髀宗》。引文中提到的公孙崇是北魏太乐令。

〔78〕永平元年：北魏永平元年，即梁天监七年，公元508年。

〔79〕梁武帝大同十年：公元544年。

〔80〕太史令虞𠜎：南朝天文学家，梁武帝时任太史令，梁"大同历"的主要作者，撰有梁《大同历》一卷。

〔81〕江左建康：江东建康（今江苏南京市）。

〔82〕开皇元年：公元581年。

〔83〕王邵《隋灵感志》：王邵：生卒年不详，隋代并州晋阳（今山西太原南郊）人。王劭博闻强记，任隋著作郎近二十年，著有《隋书》、《齐志》、《齐书》、《读书记》、《隋灵感志》等。《隋灵感志》：即《旧唐书·经籍志》所载"《皇隋灵感志》十卷"，内容待考。

〔84〕大唐贞观三年己丑五月二十三日癸亥：农历己丑年（629）五月二十三日（癸亥日）。贞观：底本、胡刻本作"正观"，据戴校本、钱校本改。郭刘本疑系避宋仁宗赵祯讳而改，近是。底本、胡刻本"三年"作"二年"，依"己丑"意改。

〔85〕梁武帝都金陵：梁武帝萧衍建都于金陵（今江苏南京市）。

〔86〕去：底本、胡刻本作"云"，据戴校本、钱校本改。

〔87〕令：底本作"今"，依胡刻本、戴校本、钱校本改。本句"令其有九尺影"后，疑有脱误。

〔88〕四寸弱：底本、胡刻本作"一寸弱"，据《隋书·天文志》："梁大同中，二至所测，以八尺表率取之，夏至当一尺一寸七分强。后魏信都芳注《周髀四术》……见洛阳测影……同是夏至日，其中影皆长一尺五寸八分。以此推之，金陵去洛，南北略当千里，而影差四寸。"钱校本据算法改为"三寸强"，欠妥。今将"一寸弱"改为"四寸弱"。

## 【译文】

臣李淳风等谨按：夏至日以王城〔为基地〕观测太阳，树立两表，〔南北〕相距二千里，表高八尺。前表的暑影是一尺五寸，后表的暑影是一尺七寸。旧术以前后表的影差二寸为除数，以前表暑影的寸数乘两表间距为被除数，两数相除的商是15 000里，这是太阳与南表的水平距离。又以表高八十寸乘两表间距为被除数，除以影差二寸得八万里，这是表与太阳的垂直距离。仍以表高八十寸求太阳高度，暑影寸数求离太阳的水平距离。待太阳渐渐升高，等候日影长六尺，用它为勾，以表高为股，则可求弦，得到与太阳的斜线距离是十万里。取孔径一寸、长八尺的圆竹管，观测太阳。当太阳恰好填满竹筒孔时，得到筒长八十寸相当于日径一寸的比率。因测点离太阳十万里，所以日径是1 250里。

以常理推导，算法说"天的中心高出外衡六万里"，这种描述与计算方法相矛盾。勾边长六尺，股边长八尺，弦边长十尺，这数是由直角三角形的自身规律形成的。地面必须水平，表竿必须垂直，然后用勾股定理计算。然而天体模型是一定不变的，太阳运行有高下之别，既然算法基于太阳平移，哪里来的高下之别？描述与计算方法相矛盾，这是大失误。

又按［南北］二表立于地上，依水平法定其高低。如北表地势较高，则以两表的高度差为勾，以两表间斜线距离为弦，［求股］。取两表的高度差值，乘以北表影长，除以表长。所得之值加上股为定间。如北表地势较低，亦取两表的高度差，依前法乘、除（乘以北表影长，除以表长）。以股减去所得等于定间。又以两表的高度差与两表间斜线距离相除，得两地高差与斜距的比率。求远之法：前表影长乘以定间，除以影差，所得之商加上前表影长，等于测点至日下的距离。求高之法：表长乘以定间，除以影差，所得之商加上表长，等于日高。求测量地斜至日的距离之法：前表弦长乘以定间，除以影差，所得之商加上前表弦长，等于测量地斜至日的距离。这三个公式都是假定观测点与日下在同一水平面上的高远之数。求倾斜大地的日高之法：取观测点到日下的水平距离，乘以两表高差，除以两表水平距离，所得为日下地高低的校正数。日下地势斜率与表间相同，可依此率相求。如日下与测地点形势斜率不等，不是当代的水平所能推求的。

用日径的比率求日径大小，只需将太阳与观测点的距离乘以比率（1/80），即乘以1，除以80，即得太阳直径。此太阳直径立即可得，不需等待影长六尺之时。测日径的时候，必须先确定二表二勾所在地面水平，使二表之影在同一南北经线上，立等高四尺的二勾，两勾的立表处相距二丈。以二弦线牵动于勾上。每表二段瞄准线用来观测日影。表在勾的上方，用弦线在勾下向上望日。前一段线瞄准太阳上顶，后一段线瞄准太阳下端，根据表影的位置移动瞄准线，使影端、表头、太阳三点成一线。冬至、夏至前后三四日内，表影伸缩较小即是最佳时机，应当在这时测定表影。两人一起测望，每人测取一影也可以，太阳上顶、下端与影端、表巅分别成三点一线。

然而地有高低，立表测望结果不同，下文六术才能包括各种实际情形：

第一，后高前下术。以两表的高度差为勾，以两表间的斜线距离为弦。以后表影长乘以两表高度差，除以表长，所得加上股等于定间。

第二，前高后下术。以两表的高度差为勾，以两表间的斜线距离为弦。取两表的高度差，乘以后表影长，除以表长；以股减去所得，余数等于定间。

第三，邪下术。依两表的水平高度差，向上作两表在倾斜的地面上的影长，两表间地面的斜率与测点至日下大地的斜率相同，其余就与使用水平面上晷影的求法一样。假如二表之足向南斜下，与大地的倾斜一致，就不必另行测望。但弦边较短，与用直角三角形求得之值不同。后表至日下的斜面距离，亦随地势而定，不能用水平面之数，如用水平面之数就太短了。若用此术，只能应用于向南测望。如果向北测望，针对北方高地，就用勾影南下之术（邪上术）。

第四，邪上术。依两表的水平高度差，向下作两表在倾斜的地面上的影长，这叫做回望高远的北极。测望和取高度差，也同向南测望一样。此术的弦边较长，也与用直角三角形求得之值不同。只能用于向北测望，不能用于向南测望。假若向南测望，就用勾影北高之术（邪下术）。

第五，平术。不论地势高低，《周髀》测日用此平术。所以向东、向西、向南、向北四个方向测望都可以，无论远近都用一种差术，不必用别的方法。

第六术，是考虑到外衡的算法。《周髀算经》说：直径四十七万六千里。它的一半，是二十三万八千里，这是外衡离天心的距离。以天心高于外衡六万里来推算，向南行二十三万八千里，下降六万里。按比例得到，向南行一百一十九里，下降三十里；向南行一百一十九步，下降三十步；向南行三十九又 2/3 步，下降十步。以此为准，就不应当有平面的大地。将地看作平面而来计算，尤其不合理，不符实际。

而且自古以来论晷影差的变化，常有不同，如今取其推算的要点，大略说个梗概。

《尚书考灵曜》说："夏至日长，影长一尺五寸；冬至日短，影长一丈三尺；每相距正南千里，日影减一寸。"张衡《灵宪》说："测天之晷，量地之仪，都是移动千里而影差一寸。"郑玄注《周礼》说："凡是地上的晷影，相隔千里就要差一寸。"王蕃、姜岌也这样说。按前文诸说，影差数都一样，这种言论频频出现，好像非这个数值不可。以事实考量，恐怕不对吧。

谨案：宋元嘉十九年（442）农历壬午年，遣使往交州测量日影，夏至的日影在表南三寸二分。《太康地志》：交趾离洛阳一万一千里，阳城离洛阳一百八十里。交趾在西南，望阳城、洛阳，在其东北。比较而言，今阳城离交趾近于洛阳离交趾一百八十里，则交趾离阳城一万八百二十里，而影差一尺八寸二分，折合每六百里而影差就是一寸。况且人行道路迂回曲折，与直飞的鸟道相比，误差甚多。以事实验之，又是不到五百里而影差一寸，这是明显的。千里差一寸的说话，显然不符合实际。何承天又说："诏令用土圭测影，检验夏至、冬至的时间，结果差了三天多。从历年经交州所呈上的数据，检验其增减，也是相符的。"这就是影差的验证。

《周礼·大司徒之职》说："夏至之影，一尺五寸。"马融认为是在洛阳测的，郑玄认为是在阳城测的。《尚书考灵曜》说："夏至日长，影长一尺五寸；冬至日短，影长一丈三尺。"《易纬通卦验》："夏至，影长一尺四寸八分；冬至，影长一丈三尺。"刘向《洪范传》："夏至，影长一尺五寸八分。"当时汉的都城在长安，而刘向不提测影地点。如在长安，那就不是晷影的常规数值。夏至，影长一尺五寸八分；冬至，影长一丈三尺一寸四分。刘向又说："春、秋分，影长七尺三寸六分。"这些都是虚妄之言。

《后汉·历志》说："夏至影长一尺五寸。"后汉，洛阳冬至的影长一丈三尺。自梁天监以前都是这个数据。魏景初年间，夏至影长一尺五寸。最初魏建都许昌，与颍川相近；后建都洛阳，又在地中之数。但《易纬》因循汉历旧影，似乎不另外测影：冬至，影长一丈三尺。晋姜岌说影长一尺五寸。晋建都于江东建康，验影远取阳城之数：冬至，影长一丈三尺。宋大明的"祖冲之历"：夏至，影长一尺五寸。刘宋建都秣陵，像前朝一样远取影长：冬至一丈三尺。后魏信都芳注《周髀四术》说："按永平元年戊子是梁天监七年（508），见洛阳测影，又见公孙崇召集诸朝士在秘书省一起观测日影，同是夏至之日，以八尺之表测日中影，皆长一尺五寸八分。"虽然不到六寸，但是接近六寸。梁武帝大同十年（544），太史令虞𢀷在江东建康用九尺表测夏至日中影，影长一尺三寸二分；用八尺表测，影长一尺一寸七分有余。在冬至用九尺表测，影长一丈三尺七分；用八尺表测，影长不到一丈一尺六寸二分。隋开皇元年（581），冬至的影长一丈二尺七寸二分。开皇二年，夏至的影长一尺四寸八分。冬至在长安测，夏至在洛阳测。以及王邵《隋灵感志》，冬至的影长一丈二尺七寸二分，是长安测的。开皇四年，夏至的影长一尺四寸八分，是洛阳测的。冬至的影长一丈二尺八寸八分，是洛阳测的。大唐贞观三年（629）五月二十三日癸亥夏至，日中影长一尺四寸六分，是长安测的。十一月二十九日丙寅冬至，日中影长一丈二尺六寸三分，是长安测的。按汉、魏及隋所记夏至日中影或长或短，平均误差，那么夏至的影长一尺五寸比较符合实际。以《周官》推理，洛阳为测影点，那么冬至的影长一丈二尺五寸也接近事实。按梁武帝建都金陵，离洛阳南北大约千里，以不同尺表，使有九尺表影……则大同十年江东八尺表夏至日中影长一尺一寸七分。这些用八尺表在夏至测量的数据表明，相距千里而影差不足四寸。

以上推验就说明夏至影差增减不同，南北远近不同数据亦有差异。如果总是套用一式，恐怕背离实际，于理不合。

# 二、日　高　图[1]

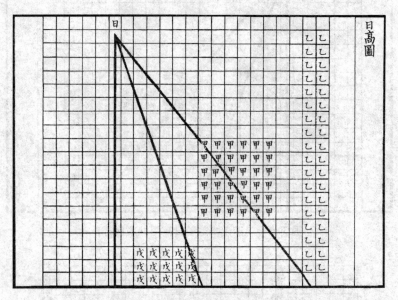

**图四十　南宋本陈子日高图（补正）**

【注释】

〔1〕日高图：这是陈子日高图原题，底本错置于"荣方问陈子（三）"之前，今移于此。陈子以两个直角三角形构图，示意推算日高之法是一种二望双测法。我们分析南宋本中日高图的标字面积与赵爽注文中推导重差求高公式所用的标字面积，发现底本等的日高图脱缺最下一行（参见图四十一）。详见赵爽附录（二）及其注〔11〕。图四十所示的是已补缺的陈子日高图。（因原图画面方格雕印欠佳，此图在不失原意的前提下，作了技术处理。）由赵爽注文可推测，标题下除日高图之外，本该还有文字解说，说明图中标以甲、乙、戊各面积的含义，但现存南宋本的文字解说已佚。明胡刻本日高图右上角"日高图"下多出"凡甲乙之方黄色，戊之方青色"小字注，共十二字。中间"甲"字标识左下角注有"三十六"三字（参见图四十二，因原图画面方格过于失真，此图也作了技术处理）。这十五个字很可能来自陈子日高图原图并与日高图的解说有关。

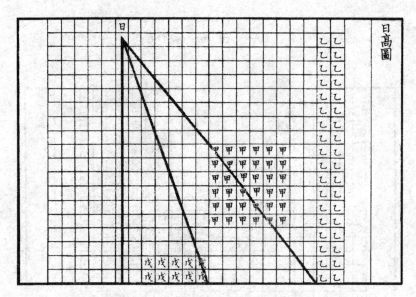

图四十一　南宋本陈子日高图（脱底行）

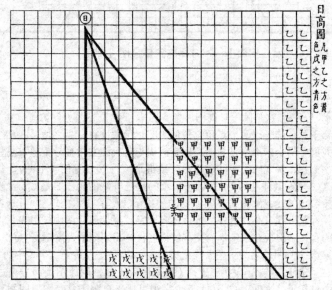

图四十二　明胡刻本陈子日高图（脱底行）

## 赵爽附录（二）：日高图[1]

　　黄甲与黄乙其实正等[2]。以表高乘两表相去[3]为黄甲之实，以影差为黄乙之广[4]，而一[5]所得，则变得黄乙之袤[6]，上与日齐。按图[7]当加表高[8]。今言八万里者，从表以上复加之。

　　青丙与青己其实亦等[9]；黄甲与青丙相连，黄乙与青己相连，其实亦等[10]。皆以影差为广[11]。

**【注释】**

　　〔1〕日高图：这是赵爽注陈子日高图的标题，赵爽不仅作了注文，阐明重差求高法，而且提供了插图。底本等《周髀算经》赵爽日高图虽已佚，但是根据赵爽注文和陈子日高图可复原。古今中外不少学者，如利玛窦（Matteo Ricci，1552—1610）、徐光启、李潢、顾观光、三上义夫、李俨、钱宝琮、吴文俊等都曾尝试复原赵爽日高图。顾观光的《周髀算经校勘记》首先依照赵爽日高图注文复原了赵爽日高图，并将"青丙"校改为"青戊"。吴文俊的复原图（见图四十三）也正确地反映出这一公式的推导，证实陈子重差公式的推导是建立在等面积关系上（参阅吴文俊《我国古代测望之学重差理论评介兼评数学史研究中的某些方法问题》，1982）。由以上赵爽注文和复原图可见，赵爽认为陈子日高图所示解的推导得成法，正是商高的积矩推导得成法。根据此法，陈子把双测太阳高度的两个直角三角形积成两个矩，利用其中的面积关系推导得成重差求高公式。

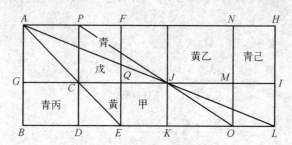

图四十三　吴文俊复原的赵爽日高图

　　〔2〕黄甲与黄乙其实正等：黄甲与黄乙的面积正好相等。由图四十四得：

$$\square PEAG = \square YQKZ \qquad (2-2-1)$$

这是赵爽提出的假设，用以推导日高公式（2-1-4）。此假设也正是后世所谓的"容横容直等积原理"，赵爽在"日高图注"的下半段，证实此假设，参见注〔10〕。

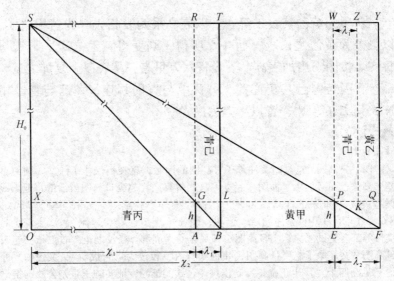

**图四十四　赵爽日高图**（据顾观光和吴文俊复原图改画）

〔3〕两表相去：两表的间距。

〔4〕以影差为黄乙之广：底本、胡刻本作"以影差为黄甲之广"，据戴校本改。影差：两表日影之差。

〔5〕而一：实如法而一，除法运算。即黄乙之实除以黄乙之广得黄乙之长。因为

$$黄甲：\square PEAG = h(\chi_2 - \chi_1) \tag{2-2-2}$$

$$黄乙：\square YQKZ = KZ \cdot QK = KZ \cdot (\lambda_2 - \lambda_1) \tag{2-2-3}$$

由黄甲 = 黄乙：$\square PEAG = \square YQKZ$ 得

$$KZ = \frac{\square YQKZ}{QK} = \frac{\square PEAG}{QK} = \frac{(\chi_2 - \chi_1)}{(\lambda_2 - \lambda_1)}h \tag{2-2-4}$$

又：$KZ = H_0 - h$。

〔6〕黄乙之袤：底本、胡刻本作"黄甲之袤"，据戴校本改。

〔7〕图：即日高图。

〔8〕当加表高：赵爽用其日高图导出了日高公式：

$$H_0 = KZ + h = \left( \frac{\chi_2 - \chi_1}{\lambda_2 - \lambda_1} \right) h + h, \qquad (2-1-4')$$

这正是陈子推算日高所用的数学公式〔见式 $(2-1-3)$ — $(2-1-4)$〕。

〔9〕青丙与青己其实亦等：青丙与青己的面积也相等。证明青丙与青己的面积相等，赵爽利用了 $\square TBOS$ 和其对角线 $BS$ 两侧的三对直角三角形。因为对角线两侧的三对直角三角形面积两两相等，而且

$$\square GAOX = \triangle BOS - \triangle BAG - \triangle GXS,$$

$$\square TLGR = \triangle BTS - \triangle BLG - \triangle GRS,$$

所以

$$\square GAOX = \square TLGR。 \qquad (2-2-5)$$

〔10〕黄甲与青丙相连，黄乙与青己相连，其实亦等：黄甲＋青丙＝黄乙＋青己。由图四十四得：

$$\square PEAG + \square GAOX = \square YQKZ + \square ZKPW \qquad (2-2-6)$$

为证明这面积关系，赵爽利用了 $\square YFOS$ 和其对角线 $FS$ 两侧的三对直角三角形，证法与注〔9〕同。赵爽叙述上面两句显然是为了证明"黄甲与黄乙其实正等"的假设。由图四十四可见 $\square ZKPW = (H_0 - h)\lambda_1 = \square TLGR$。故从式 $(2-2-5)$ 得 $\square GAOX = \square ZKPW$。代入式 $(2-2-6)$ 得 $\square PEAG = \square YQKZ$。于是证明了"黄甲与黄乙其实正等"的假设。此证明同时也证明了"容横容直等积原理"："当一长方形斜解为二勾股形，其一勾中容横，其一股中容直，二积之数皆同。"（译文：勾中容横、股中容直是矩形之内以对角线划分的成对小矩形，每对之中，彼此面积相等。）赵爽日高图中的黄甲与黄乙正是勾中容横和股中容直的实例，赵爽注证明黄甲与黄乙的面积相等，实际上是证明了"容横容直等积原理"。南宋数学家杨辉在其《杨辉算法·续古摘奇算法》中首次明确提出这一原理，借助他设计的"海岛小图"，亦对日高术作了简洁有力的证明。

〔11〕皆以影差为广：皆可以影差为广之式来表达。因为黄甲 $\square PEAG = h(\chi_2 - \chi_1)$，在释读"皆"字时遇到障碍。钱校本以为此六字是衍文，依顾观光校删。曲安京改成"皆以影长为广"。我们认为赵爽是指：因为至此已证实黄甲等于黄乙，所以黄甲可通过黄乙以两表影差为广之式来表达，所以两者皆可以影差为广表达。由以上赵爽日高图注文的解说可见图四十四已符合原赵爽日高图之意。至于赵爽日高图与陈子日高图之间的关系，首先可肯定陈子日高图与赵爽日高图一样示意推算太阳高度得用双测法。为证实陈子日高图中标以

甲、乙、戊面积旨在解释重差求高公式的推导和证明，现将底本陈子日高图（参见图四十一）与复原的赵爽日高图（参见图四十四）作一比较。由图中标字面积的位置可见，陈子图的左下戊面积可能相应赵爽图的左下青丙面积，陈子图右边的窄高乙面积可能相应赵爽图右边的狭高黄乙加青己面积，但是陈子图方形甲面积的位置并不与赵爽图的右下黄甲面积相应。这可能是因为陈子图的方形甲面积并不单独相应赵爽图的右下黄甲面积而是相应黄甲加青己面积，因此方甲面积的位置介于黄甲和青己两面积之间。那就是说：

戊面积——相应——青丙面积。

乙面积——相应——黄乙面积 + 青己面积。

甲面积——相应——黄甲面积 + 青己面积。

关键在陈子图中的甲面积和乙面积都有 36 格，示意"乙面积 = 甲面积"。相当于"黄乙面积 + 青己面积 = 黄甲面积 + 青己面积"。由此推出：

$$黄乙面积（\square PEAG） = 黄甲面积（\square YQKZ） \qquad (2-2-1)$$

这两面积相等正是赵爽推导和证明重差求高公式所必须的关键关系，也是注〔10〕中所叙述的"容横容直等积原理"$\square PEAG = \square YQKZ$。由此确认陈子日高图中的标字面积的确是用来示意重差求高公式的推导和证明。根据赵爽图，青丙面积加黄甲面积与青己面积加黄乙面积相等。即：

$$青丙面积 + 黄甲面积 = 青己面积 + 黄乙面积$$

如陈子图戊面积相应赵爽图青丙面积，那么戊面积加黄甲面积必须与乙面积相等。即：

$$戊面积 + 黄甲面积 = 青己面积 + 黄乙面积 = 乙面积$$

这与底本陈子日高图所示不符合（见图四十一）。根据此底本日高图乙面积有 36 格，但是左下戊面积加上右边相应黄甲面积的相接空格仅有 24 格，缺少 12 格。这意味着底本的陈子日高图可能有脱缺。若在此日高图加上一底行如图四十补正图所示，戊面积由十格增加到十五格。如果此十五格戊面积的确相应复原赵爽日高图中的青丙面积，那么加上相应黄甲面积的空格必须与乙面积相等。（为便于直观起见，将戊字标识左移一列靠近日下。）如图四十五所示，十五格戊面积加上相应黄甲面积的 21 空格，共得 36 格，正好等于乙面积。由此证实陈子日高图中的标字面积的确是用来示意重差求高公式的推导和证明。也许值得强调，依照陈子数学模型的理论，日高图中的标字面积当满足如下的比例：

$$\frac{青己面积}{青己面积 + 黄乙面积} = \frac{\lambda_1}{\lambda_2}, \quad \frac{青丙面积}{青丙面积 + 黄甲面积} = \frac{\chi_1}{\chi_2}$$

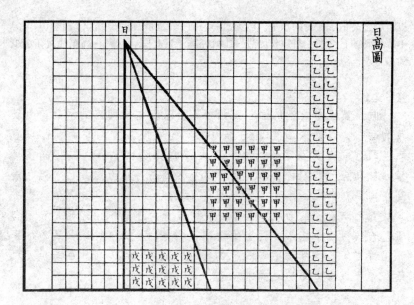

**图四十五　南宋本陈子日高图（补正移字）**

陈子没有依照实际理论比例绘图，而是创造性地利用标字面积的格数说明面积相等的关系。借助于极简单的方格图标志，陈子表达了其日高术的精髓。根据对陈子日高图原意的理解，我们认为赵爽的推导出自陈子。因为赵爽注商高勾股图提到他自己的另一个证明时明确表示："弦图**又可以**……加差实**亦成弦实**。"而在注陈子日高图时，就没有用"又可以"和"亦成"之类以表区别。这说明重差公式［见公式（2-1-5）］和重差求高公式［见公式（2-1-4）］都出自陈子。因此，与赵爽同时代的刘徽在《海岛算经》中所说的重差术其实起源于陈子。赵爽的注文和日高图改进了陈子重差求高公式的推导。赵爽注之后，北周汉中郡守甄鸾"重述"了一段："求日高法：先置表高八尺为八万里为袤，以两表相去二千里为广，乘袤八万里，得一亿六千万里，为黄甲之实。以影差二寸为二千里为法，除之，得黄乙之袤八万里，即上与日齐。此言王城去天名曰甲，日底地上至日名曰乙，上天名青丙，下地名青戊。据影六尺，王城上天南至日六万里，王城南至日底地亦六万里，是上下等数。日夏至南万六千里者，立表八尺于王城，影一尺六寸，影寸千里。故王城去夏至日底地万六千里也。"现在未能确定甄鸾注《周髀算经》时所据何图。甄鸾注的内容表明，其对赵爽注的理解有误。赵注的黄甲与黄乙面积相等而长宽比例不同，两个矩形极不相似。甄鸾却理解为两个全等的矩形，表明他并不懂日高图而误注。曲安京所复原的甄鸾日高图，以甄鸾对前人的日高图及注有正确理解为前提，恐是高估了甄鸾的水平。（参见曲安京《〈周髀算经〉新议》，第 61 页。）不过甄鸾的日高图注可以作为进一步研究陈子日高图、赵爽日高图注流传演变的参考。

**【译文】**

假设黄甲与黄乙的面积正好相等。以表高乘两表的间距得到黄甲的面积，以两表日影之差作为黄乙的宽度，黄乙的面积除以宽度，即可求得黄乙之长，其上与太阳的高度相平齐。按日高图所示，日高应为黄乙之长加表高。如今称日高为八万里，已包括了表高在内。

青丙与青己的面积也相等。黄甲与青丙连成一个矩形，黄乙与青己连成另一个矩形，两者的面积也相等。（所以黄甲与黄乙的面积正好相等。既然黄甲与黄乙的面积已证实相等，）黄甲与黄乙两面积皆可以影差为广之式来表达。

# 三、七 衡 图[1]

凡为此图，以丈为尺，以尺为寸，以寸为分。分一千里[2]，凡用缯方八尺一寸[3]。今用缯方四尺五分，分为二千里[4]。方为四极之图，尽七衡之意。

**【注释】**

〔1〕七衡图：此系底本原标题。七衡图亦称七衡六间图，示意季节与日月（视）运行的理论关系，是周髀说继承上古天文知识，以日影分析日月（视）运行的理论为指导而制成。古代很早就利用群星组（宿）追踪日月（视）运行以辨认季节时辰，最早的记载出现在甲骨文中，《尧典》已系统记载日在星鸟、星火、星虚、星昴等群星组时与仲春、仲夏、仲秋、仲冬等季节的相对关系。配上日影迁移与季节测量关系，古代天文学家逐渐作出衡图示意日月（视）运行轨道迁移与季节之间的关系。流传下来的《周髀算经》的七衡图不尽一致。底本七衡图（图四十六）的外方圈比较长，圈外没有着色说明。明胡震亨刻本七衡图（图四十七左）的外方圈外有十九字着色说明："外方圈实青色，中俱黄色。内北极小圈青色实之。"比照前述陈子日高图的着色说明，这十九字也可能传自陈子七衡图。据赵爽七衡图注，七衡图

不是一张平面图，而是用两幅图画迭合组成的（详见赵爽附录〔三〕：七衡图和附录中青图画和黄图画的注解）。图四十七右是将"春秋分日入"、"春秋分日出"、"春分"、"秋分"和"北极"移至正确位置的校正图。1976 年发掘的殷墟妇好墓出土的商代晚期"七周纹"铜镜（M5：45），背面饰七道弦纹，其间有密排竖直短道（见图四十八）（参阅中国社会科学院考古研究所安阳工作队《安阳殷墟 5 号墓的发掘》）。因为铜镜背面共有七个同心圆周和六个间隔，因此产生了此铜镜纹饰是否与"七衡六间"有关的猜测（参见石璋如《读各家释七衡图、说盖天说起源新例初稿》第 812—813 页），有待继续探讨。《尧典》：《尚书》的开篇，记述华夏上古领袖尧（约活动于公元前两千多年前）的事迹的古老文献，其中含有公元前两千多年前的观象授时的宝贵资料。日月（视）运行：以地球为观测中心，人们所见日月在天球背景上的运行轨迹。

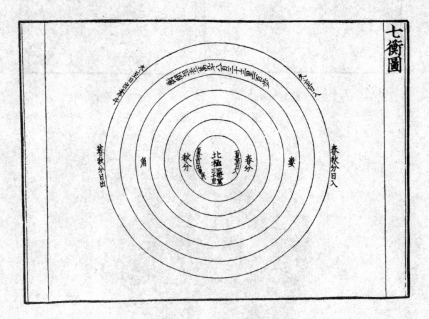

**图四十六　底本七衡图**

〔2〕分一千里：一分代表一千里，比例尺为1：180 000 000。

〔3〕缯方八尺一寸：缯（zēng），丝帛。方八尺一寸，八尺一寸见方。因比例尺为一分代表一千里，八尺一寸见方正好容纳"日光四极"的直径810 000 里。

〔4〕分为二千里：比例尺为1：360 000 000。

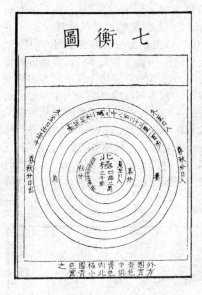

（左）明胡刻本原图　　　　（右）校正图

图四十七　七衡图

图四十八　殷墟"七周纹"铜镜

【译文】

凡是制作此图，以丈为尺，以尺为寸，以寸为分，［依比例作图。] 一分代表1000里，则用边长是八尺一寸的方形丝帛。今用边长是四尺五分的方形丝帛，一分代表2 000里。用缯方作四极之图，包括七衡的内容。

《吕氏》曰："凡四海之内，东西二万八千里，南北二万六千里。"[1] 吕氏，秦相吕不韦，作《吕氏春秋》。此之义在《有始第一》篇，非《周髀》本文。《尔雅》云："九夷、八狄、七戎、六蛮，谓之四海。"言东西南北之数者，将以明车辙马迹之所至。《河图括地象》[2] 云：而有君长之州九，阻中国之文德及而不治；又云：八极之广，东西二亿二万三千五百里，南北二亿三万三千五百里。《淮南子·墬形训》[3] 云：禹使大章[4] 步自东极至于西极，孺亥[5] 步自北极至于南极，而数皆然。或其广阔将焉可步矣，亦后学之徒未之或知也。夫言亿者，十万曰亿也。

凡为日月运行之圆周，春、秋分，冬、夏至，璇玑之运[6] 也。七衡周而六间[7]，以当六月节[8]。六月为百八十二日八分日之五。节六月者，从冬至至夏至日，百八十二日八分日之五为半岁。六月节者，谓中气[9] 也。不尽其日也。此日周天通四分之一，倍法四以除之，即得也。

故日夏至在东井[10]，极内衡[11]。日冬至在牵牛[12]，极外衡[13] 也。东井、牵牛为长短之限，内外之极也。衡复更终冬至[14]。冬至日从外衡还黄道，一周年复于故衡，终于冬至。故曰，一岁三百六十五日四分日之一，岁一内极，一外极。从冬至一内极及一外极，度终于星[15]，月穷于次，是为一岁。三十日十六分日之七，月一外极，一内极。欲分一岁为十二月，一衡间当一月，此举中相去之日数。以此言之，月行二十九日九百四十分日之四百九十九，则过一周天而日与月合宿[16]。论其入内、外之极，大归粗通，未必得也。日光言内极，月光言外极。日阳从冬至起，月阴从夏至起，往来之始。《易》曰："日往则月来，月往则日来。"[17] 此之谓也。此数置一百八十二日八分日之五，通分，内子五，以六间乘分母以除之，得三十，以三约法得十六，约余得七。是故[18] 一衡之间，万九千八百三十三里三分里之一，即为百步[19]。此数，夏至、冬至相去十一万九千里，以六间除之得矣。法与余分皆半之。欲知次衡径，倍而增内衡之径，倍一衡间数，以增内衡即次二衡径。二之以增内衡径得三衡径[20]，二乘所倍一衡之间数，以增内衡径，即得三衡径。次衡放此。次至皆如数。

内一衡[21]，径二十三万八千里，周七十一万四千里，分为三百六十五度四分度之一，度得一千九百五十四里二百四十七步千四百六十一分步之九百三十三。通周天[22]四分之一为法，又以四乘衡周为实，实如法得一百步[23]；不满法者十之，如法得十步，不满法者十之，如法得一步；不满者以法命之。至七衡皆如此。

次二衡[24]，径二十七万七千六百六十六里二百步，周八十三万三千里。分里为度，度得二千二百八十里百八十八步千四百六十一分步之千三百三十二。通周天四分之一为法，四乘衡周为实，实如法得里数，不满者求步数，不尽者命分。

次三衡[25]，径三十一万七千七百三十三里一百步，周九十五万二千里。分为度，度得二千六百六里百三十步千四百六十一分步之二百七十。通周天四分之一为法，四乘衡周为实，实如法得里数，不满法者求步数，不尽者命分。

次四衡[26]，径三十五万七千里，周一百七万一千里。分为度，度得二千九百三十二里七十一步千四百六十一分步之六百六十九。通周天四分之一为法，四乘衡周为实，实如法得里数，不满法者求步数，不尽者命分。

次五衡[27]，径三十九万六千六百六十六里二百步，周百一十九万里。分为度，度得三千二百五十八里十二步千四百六十一分步之千六十八。通周天四分之一为法，四乘衡周为实，实如法得里数，不满法者求步数，不尽者命分。

次六衡[28]，径四十三万六千三百三十三里一百步，周一百三十万九千里。分为度，度得三千五百八十三里二百五十四步千四百六十一分步之六。通周天四分之一为法，四乘衡周为实，实如法得一里，不满法者求步，不尽者命分。

次七衡[29]，径四十七万六千里，周百四十二万八千里。分为度，度得三千九百九里一百九十五步千四百六十一分步之四百五。通周天四分之一为法，四乘衡周为实，实如法得里数，不满法者求步数，不尽者命分。其次日[30]冬至所北照，过北衡[31]十六万七千里，冬至十一月，日在牵牛，径在北方。因其在北，故言"照过北衡"。为径八十一万里，倍所照，增七衡径。周二百四十三万里。三乘倍，增七衡周。分为三百六十五度四分度之一，度得六千六百五十二里二百九十三步千四百六十一分步之三百二十七。过此而往者，未之或知[32]。过八十一万里之外。或知者，或疑其可知，或疑其难知[33]，此言上圣[34]不学而知之[35]。上圣者智无不至，明无不见。《考灵曜》曰："微式出冥，唯审其形。"此之谓也。

故冬至日晷丈三尺五寸，夏至日晷尺六寸，冬至日晷长，夏至日晷短。日晷损益，寸差千里。故冬至、夏至之日南北游[36]十一万九千里。四极径八十一万里，周二百四十三万里。分为度，度得六千六百五十二里二百九十三步千四百六十一分步之三百二十七。此度之相去也。其南北游，日六百五十一里一百八十二步一千四百六十一分步之七百九十八。

术[37]曰：置十一万九千里为实[38]，以半岁一百八十二日八分日之五为法[39]，半岁者，从外衡去内衡以为法，除相去之数，得一日所行也。而通之[40]。通之者，数不合齐，常以法等，得相通入，以八乘也。得九十五万二千为实，通十一万九千里。所得一千四百六十一为法，除之。通百八十二日八分日之五也。实如法得一里[41]。不满法者[42]，三之，如法得百步。一里三百步，当以三百乘；而言之三之者，不欲转法，便以一位为百实，故从一位，命为百。不满法者十之，如法得十步。上不用三百乘，故此十之，便以一[43]位为十实，故从一位，命为十。不满法者十之，如法得一步。复十者，但以一位为实，故从一位，命为一。不满法者，以法命之[44]。位尽于一步，故以法命，其余分为残步。

【注释】

〔1〕《吕氏》曰："凡四海之内，东西二万八千里，南北二万六千里"：《吕氏》即秦相吕不韦（？—前235）组织门客撰写的《吕氏春秋》。此引文出自《有始览第一》，学术界对此引文是原文还是衍文的看法不一。赵爽在注中已指出此引文非"七衡图"原文。我们也认为此引文非"七衡图"原文。

〔2〕《河图括地象》：又称《河图括地象图》，是汉代的一种谶纬之书，内

容除地理外，还有一些神话传说。此书已佚，有辑佚本。

〔3〕《淮南子·墬形训》：《淮南子》又名《淮南鸿烈》，是在西汉淮南王刘安主持下由宾客集体编写的。《淮南子》原有内篇二十一篇，外篇三十三篇，现仅存二十一篇。《墬形训》是其中的一篇。

〔4〕大章：传说中大禹的部下。《淮南子·墬形训》曰："禹乃使大章步自东极至于西极，二亿三万三千五百里七十五步。使竖亥步自北极至于南极，二亿三万三千五百里七十五步。"

〔5〕孺亥：又称竖亥，传说中大禹的部下。参见上注。

〔6〕璇玑之运：极星在璇玑上的运行。

〔7〕七衡周而六间：七个叫衡的同心圆周，中间有六个相等的间隔。

〔8〕以当六月节：用以代表六个月的节气。

〔9〕中气：从冬至起，太阳黄经每增加30°，便开始另一个中气，全年共有十二个中气。十二个中气和十二个节气，总称为二十四节气。

〔10〕东井：二十八宿中的东井宿，位置与牵牛宿相对。

〔11〕极内衡：内衡的最里面。极：最。

〔12〕牵牛：二十八宿中的牵牛宿，位置与东井宿相对。

〔13〕极外衡：外衡的最外面。

〔14〕衡复更终冬至：一周年的往复，从外衡的冬至出发，最后又到冬至。

〔15〕度终于星：行度的位置以星宿表示。

〔16〕则过一周天而日与月合宿：经过一周天，日月在二十八宿坐标系中交会于同一位置。底本、胡刻本作"则过周天一日而与月合宿"，戴校本改"月"为"日"，钱校本、郭刘本从，然仍未通。今据文意乙改。

〔17〕日往则月来，月往则日来：引文出自《易·系辞下》。狭义地讲，指一日内太阳下山月亮升起，月亮落下太阳升起。广义地讲，指一年内日阳、月阴的消长变化。

〔18〕是故：因此。"是故"之前疑有阙文，阙文类似于："故冬至日晷丈三尺五寸，夏至日晷尺六寸，冬至日晷长，夏至日晷短，日晷损益，寸差千里。故冬至、夏至之日南北游十一万九千里。"日晷：晷表影长。

〔19〕一衡之间……百步：一里等于三百步。上句余数"三分里之一"合一"百步"。一衡之间：衡间距。赵爽注："此数，夏至、冬至相去十一万九千里，以六间除之得矣。"据夏至、冬至晷影的"天道之数"及寸差千里的公式，夏至、冬至日道相距119 000里，$\dfrac{119\,000}{6}$里 = $19\,833\dfrac{1}{3}$里。

〔20〕欲知次衡径，倍而增内衡之径，二之以增内衡径得三衡径：要知相邻外侧另一衡周的直径，只要把内衡之径加上衡间距的一倍得二衡之径；将加倍的衡间距乘以二，加上内衡之径，得三衡径。底本、胡刻本、戴校本脱"得三

衡径"四字，据钱校本补。

〔21〕内一衡：内衡，第一衡，夏至日道。

〔22〕周天：观测者眼睛所看到的天球上的大圆周。一周天划分为365$\frac{1}{4}$古度。

〔23〕实如法得一百步：此句疑有阙文。按算法应校改为"实如法得里数，不满法者三之，如法得一百步"。

〔24〕次二衡：第二衡，小满、大暑日道。

〔25〕次三衡：第三衡，谷雨、处暑日道。

〔26〕次四衡：第四衡，春、秋分日道。

〔27〕次五衡：第五衡，雨水、霜降日道。

〔28〕次六衡：第六衡，大寒、小雪日道。

〔29〕次七衡：外衡，第七衡，冬至日道。

〔30〕日：底本、胡刻本、戴校本作"曰"，据钱校本改。

〔31〕冬至所北照，过北衡：根据七衡六间模型，冬至时太阳外照，超过外衡。此处是以向北照为例。

〔32〕过此而往者，未之或知：或，疑也，通"惑"。超过这范围的地方，是未知世界。这段叙述说明古代周髀天文学派已考虑到超过他们所知范围之外的世界，这是一个理智的态度，给古代中国天文学界打开了一条重要的思路。考虑到所知范围之外的世界，浑天说提出了无限宇宙观："过此而往者，未之或知也。未之或知者，宇宙之谓也。宇之表无极，宙之端无穷。"（见张衡《灵宪》，约作于公元118年。）无限宇宙观是古代中国对天文学的一个理论思维上的重要贡献。西方在十八世纪才正式接纳无限宇宙观。在中国，宣夜说继承了无限宇宙观，并提出"天了无质，高远无极"，"日月众星，自然浮生虚空之中，其行其止，皆须气焉"和"迟疾任情，其无所系著可知矣。若缀附天体，不得尔也"（《晋书·天文志》引汉秘书郎郗萌手录）等重要观点。（参阅程贞一《中华早期自然科学之再研讨》〔英文〕，1996年，第156—158页。）

〔33〕或知者，或疑其可知，或疑其难知：对此未知世界，疑惑其是否可知，疑惑其是否难知。

〔34〕上圣：有天赋的人物。

〔35〕不学而知之：先知先觉地凭直觉启发认知。孔子把人的智慧、推理能力分为三等："生而知之者上也；学而知之者次之；困而知之又其次也。"（《论语·季氏》）在此是指具有"先知先觉"天赋的"上"智人物，凭直觉启发认知。孔子（前551—前479）：名丘，字仲尼，鲁国陬邑（今山东曲阜东南）人。春秋末期思想家、教育家、政治家，儒家的创始者。孔子首创私人讲学之风，提倡"知之为知之，不知为不知"的治学精神。《论语》是研究孔子学说

的主要资料。

〔36〕南北游：太阳轨道在南北方向的移动，即日道半径的变化。在此以半年日道半径的变化除以半年日数，得到日道半径的平均日变化率。

〔37〕术：这术文列出了南北游推算公式。先以冬至到夏至的半年日道半径的变化除以半年日数，得每日里数。又据一里等于三百步化为每日里步数：

$$\frac{119\,000}{182\frac{5}{8}}\text{里/日} = \frac{952\,000}{1\,461}\text{里/日} = \left(651\,\text{里}\frac{889\times300}{1\,461}\text{步}\right)/\text{日}$$

$$= \left(651\,\text{里}\,182\frac{798}{1\,461}\text{步}\right)/\text{日}。$$

〔38〕实：被除数。

〔39〕法：除数。

〔40〕通之：化除式中的带分数为假分数。

〔41〕实如法得一里：除法运算中，商的整数部分是里数。

〔42〕不满法者：商的余数部分。

〔43〕一：底本、胡刻本脱此"一"字，据戴校本补。

〔44〕以法命之：表示为以除数为分母的分数。

【译文】

《吕氏》说："凡四海之内，东西长 28 000 里，南北长 26 000 里。"吕氏，秦相吕不韦，作《吕氏春秋》。此引文在《吕氏春秋·有始》篇，不是《周髀》原文。《尔雅》说："九夷、八狄、七戎、六蛮，叫做四海。"讲东西、南北的里数，用来说明车马所能到达的范围。《河图括地象》说：有君长的有九个州，中国的文德难以普及而不易治理；又说：四面八方的广大，东西二亿二万三千五百里，南北二亿三万三千五百里。《淮南子·墬形训》说：大禹命令大章从东极走到西极，孺亥从北极走到南极，而里数都一样。虽广远或许仍可走到，不过对后世一般的人是未知世界。亿的定义，十万叫一亿。

凡是画日月运行的圆周，春秋分、冬夏至以及极星在璇玑上的运行。作七个叫衡的同心圆周，中间有六个相等的间隔，用以代表六个月的节气。六个月为 $182\frac{5}{8}$ 日。六个月的节气，从冬至至夏至，一百八十二又八分之五日为半年。所谓六月节，是指中气。不是整日数。此日求法：将一周年三百六十五又四分之一日变换成以四为分母的分数，将分母四乘以二，即分数除以二，就得到了。

所以夏至时日在东井，在内衡的最里面。冬至时日在牵牛，在外衡的最外边。东井、牵牛为轨道短长、内外的极限。经过一周年的往复，从外衡的冬至出发，最后又到冬至。冬至日从外衡返还黄道，一周年间在经历过的衡上走一遍，最终回到冬至。所以一年 $365\frac{1}{4}$ 日，太阳到达最内圈和最外圈各一次。从冬至起太阳到达最内圈和最外圈各一次，行度的位置以星宿表示，十二月完成轮替，这是一年。一个月 $30\frac{7}{16}$ 日中，月亮到达最内圈和最外圈各一次。要分一年为十二月，一衡间应为一月，这是举出相隔的日数。以此来说，月行二十九又九百四十分之四百九十九日，则经过一周天而日与月合宿。讲其进入最内圈和最外圈，大概约数，未必精确。日光在最内圈最强，月光在最外圈最盛。日的阳从冬至起，月的阴从夏至起，是循环往复的开始。《易·系辞下》说："日往则月来，月往则日来。"说的就是这个意思。此数的求法：取一百八十二又八分之五日，变换成以八为分母的分数，分母乘以六间的六，即分数除以六，得整数部分为三十，又以三约除数得十六，以三约余数得七。因此相邻两衡的间距为 $19\,833\frac{1}{3}$ 里，即 $19\,833$ 里 100 步。这个数，以夏至、冬至相距的十一万九千里，除以六间的六就得到了。除数六与余数二里相约得三分之一里。要知相邻外侧次一衡周的直径，只要把内衡之径加上衡间距的一倍得二衡之径，将一衡间数加倍，加在内衡径上即得相邻的二衡径。将加倍的衡间距乘以二，加上内衡之径得三衡径，将加倍的一衡间数再乘以二，加在内衡径上，即得三衡径。其余衡周均可照此类推。其余衡周均可如数类推。

内衡的直径是 238\,000 里，周长是 714\,000 里，划分为 $365\frac{1}{4}$ 度，每度等于 $1\,954$ 里 $247\frac{933}{1\,461}$ 步。将一周天三百六十五又四分之一变成以四为分母的假分数，以其分子为除数，又以四乘以衡周为被除数，相除得里数；余数分子乘以三，相除得百步数；余数分子乘以十，相除得十步数；余数分子乘以十，相除得步数；余数用以除数为分母的真分数表示。一直到第七衡都如此求法。

第二衡的直径是 277\,666 里 200 步，周长是 833\,000 里。划分为 $365\frac{1}{4}$ 度，每度等于 $2\,280$ 里 $188\frac{1\,332}{1\,461}$ 步。将一周天三百六十五又四分之一变成以四为分母的假分数，以其分子为除数，又以四乘以衡周为被除数，相除得里数；余数用步数表示，最后余数用真分数表示。

第三衡的直径是 317\,333 里 100 步，周长是 952\,000 里。划分为

$365\dfrac{1}{4}$ 度，每度等于 2 606 里 130 $\dfrac{270}{1461}$ 步。将一周天变成以四为分母的假

分数，以其分子为除数，又以四乘以衡周为被除数，相除得里数；余数用步数表示，最

后余数用真分数表示。

第四衡的直径是 357 000 里，周长是 1 071 000 里。划分为

$365\dfrac{1}{4}$ 度，每度等于 2 932 里 71 $\dfrac{669}{1461}$ 步。将一周天变成以四为分母的假分

数，以其分子为除数，又以四乘以衡周为被除数，相除得里数；余数用步数表示，最后

余数用真分数表示。

第五衡的直径是 396 666 里 200 步，周长是 1 190 000 里。划分

为 $365\dfrac{1}{4}$ 度，每度等于 3 258 里 12 $\dfrac{1068}{1461}$ 步。将一周天变成以四为分母的

假分数，以其分子为除数，又以四乘以衡周为被除数，相除得里数；余数用步数表示，

最后余数用真分数表示。

第六衡的直径是 436 333 里 100 步，周长是 1 309 000 里。划分

为 $365\dfrac{1}{4}$ 度，每度等于 3 583 里 254 $\dfrac{6}{1461}$ 步。将一周天变成以四为分母的

假分数，以其分子为除数，又以四乘以衡周为被除数，相除得里数；余数用步数表示，

最后余数用真分数表示。

第七衡（外衡）的直径是 476 000 里，周长是 1 428 000 里。划

分为 $365\dfrac{1}{4}$ 度，每度等于 3 909 里 195 $\dfrac{405}{1461}$ 步。将一周天变成以四为分

母的假分数，以其分子为除数，又以四乘以衡周为被除数，相除得里数；余数用步数表

示，最后余数用真分数表示。其次，冬至时太阳向外（如向北）照射，超

过外衡167 000 里，十一月冬至，日在牵牛，途径在北方。因为在北方，所以说"超

过北衡"。直径是 810 000 里，日光所照加倍，与七衡径相加。周长是 2 430 000

里。日光所照加倍再乘以三，与七衡周相加。划分为 $365\dfrac{1}{4}$ 度，每度得6 652

里 293 $\dfrac{327}{1461}$ 步。超过这范围的地方，是未知世界。超过八十一万里之

外。对此未知世界，疑惑其是否可知，疑惑其是否难知。要凭有天

赋的"上智"人物直觉启发认知。上智的人智识无所不至，聪明无所不见。

《考灵曜》说："不靠占卜而揭示幽冥之数，明察事物。"就是这个意思。

　　所以冬至日表影长一丈三尺五寸，夏至日表影长一尺六寸，冬至日表影长，夏至日表影短。表影多少的公式是影差一寸地差千里。所以冬至日与夏至日之间太阳在南北方向的轨道上移动了119 000里。日光四极的直径为810 000里，周长为2 430 000里。划分为度，每度等于6 652里293 $\frac{327}{1\,461}$ 步。这是每度的间隔。太阳在南北方向的轨道上移动，每天是651里182 $\frac{798}{1\,461}$ 步。

　　推算法为：取半年日道的半径变化119 000里为被除数，以半年日数182 $\frac{5}{8}$ 为除数，半年，也就是从外衡到内衡的日数作为除数，以半年日道的半径为被除数相除，得一日所行之数。化除式中的带分数为假分数。简化带分数，变成以八为分母的假分数，原整数部分，要乘以八。以所得952 000为被除数，十一万九千里乘以八。所得1 461为除数，作除法运算。一百八十二乘以八再加五。商的整数部分为里数。商的余数部分，乘以三，除以除数1 461得百步数。一里三百步，本当乘以三百；而说乘以三，是不想改变除数，便以被除数的个位为百步，所以将商的个位称为百步。商的余数乘以十，除以除数1 461得十步数。上文不乘以三百，所以这里乘以十，便以被除数的个位为十步，所以将商的个位称为十步。商的余数乘以十，除以除数1 461得步数。又乘以十，只是以被除数的个位为一步，所以将商的个位称为步。商的余数部分，表示为以除数1 461为分母的分数。个位到一步为止，所以表示为以除数为分母的分数，其余数不足一步。

## 赵爽附录（三）：七衡图[1]

　　青图画[2]者，天地合际，人目所远者也。天至高，地至卑，非合也，人目极观而天地合也。日入青图画内，谓之日出；出青图画外，谓之日入。青图画之内外皆天地也，北辰[3]正居天之中央。人所谓东西南北者，非有常处，各以日出之处为东，日中为南，日入为西，日没为北。北辰之下，六月见日，六月不见日。从春分至秋分，六月常见日；从秋分至春分，六月常不见日。见日为昼，不见日为夜。所谓一岁者，即北辰之下一昼一夜。

　　黄图画[4]者，黄道[5]也，二十八宿[6]列焉，日月星辰躔[7]焉。使青图在上不动，贯其极而转之，即交矣。[8]我之所在，北辰之南，非天地之中也。我之卯酉[9]，非天地之卯酉。内第一，夏至日道也。中[10]第四，春秋分日道。外第七，冬至日道也。皆随黄道。日冬至在牵牛，春分在娄，夏至在东井，秋分在角。冬至从南而北，夏至从北而南，终而复始也。

**【注释】**

　　〔1〕七衡图：这是赵爽为七衡图所注的标题。

　　〔2〕青图画：七衡图由青图画和黄图画两幅图组成。青图画是一个圆圈，圆心为观测者，半径代表陈子模型的光照半径 167 000 里。顾名思义，青图画着青色。《中国天文学史》（1987 年科学出版社出版）据钱宝琮《盖天说源流考》，释为"圆内涂成青色"。我们认为根据胡刻本七衡图下的色注，青图画的光照半径大圆与北极璇玑小圆之间不着色，光照半径圆圈外涂成青色，北极璇玑小圆涂成青色（参见图四十九·青图画）。这才便于读图。

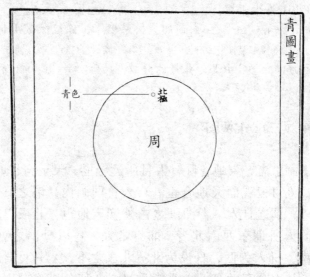

**图四十九　青图画**（据底本七衡图改画）

〔3〕北辰：北极。

〔4〕黄图画：黄图画以北天极为圆心，画有七条等间距的圆，称为七衡，分别表示太阳在 12 个中气日的运行轨道。每衡周划分为 $365\frac{1}{4}$ 度。二十八宿作为恒星背景布列在黄图画上，日月星辰穿行其间。黄道与内衡及外衡相切。顾名思义，黄图画着黄色。钱宝琮《盖天说源流考》解释为"在内衡之外，外衡之内涂上黄色"。《中国天文学史》（1987 年科学出版社出版）则笼统地说"下面一幅涂成黄色"。我们以为根据胡刻本七衡图下的色注，将内衡之外，外衡之内涂成黄色圆环很可能就是黄图画的着色法。底本七衡图实际上就是一幅黄图画（参见图五十·黄图画）。

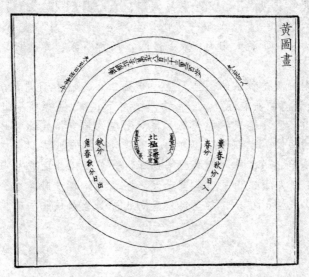

**图五十　黄图画**（据底本七衡图改画）

〔5〕黄道：太阳周年视运动的轨迹。黄道与七衡的交点就是各中气日太阳在黄图画中的位置。

〔6〕二十八宿：观测日月星辰视运行的二十八个星组系统，参见《周髀天文篇·二十八宿》注释〔1〕。

〔7〕躔（chán）：日月星辰运行的度次。

〔8〕使青图在上不动，贯其极而转之，即交矣：这是指七衡图的使用法：将青图画置于黄图画之上，以同一个轴贯穿青图画的北天极和黄图画圆心，青图画不动，依顺时针方向转动黄图画。黄道上的太阳与青图画中以观测者为圆心的圆圈相交。太阳进入圆内时，表示日出；太阳转出圆圈时，表示日落。

〔9〕卯西：指东西方向。

〔10〕中：底本、胡刻本、戴校本作"出"，据钱校本改。

## 【译文】

青图画，就是天与地相合，人目所能远望之处。天非常高，地非常低，实际上不能相合，人目看到尽头而以为天地相合。太阳进入青图画内，叫做日出；太阳出于青图画外，叫做日入。青图画的内外都是天地的一部分，北极正好位于天的中央。人们所称的东西南北，并非固定不变，各以日出之处为东，日中为南，日入为西，日落为北。北极之下，六个月见太阳，六个月不见太阳。从春分至秋分，六个月一直见太阳；从秋分至春分，六个月一直不见太阳。见太阳为昼，不见太阳为夜。［我们］所称一年，即北极之下一昼一夜。

黄图画就是黄道的图画，上面布列二十八宿和日月星辰。［使用时］，让青图画在上不动，［黄图画在下］，以一轴贯穿北极而旋转，即得各种交会表示的天象。我们所在的地方，在北极之南，不是天地的中央。我们的东西方向，不是天地的东西方向。在内的第一衡是夏至日道，中间的第四衡是春秋分日道，外面的第七衡是冬至日道，都从黄道而来。冬至时太阳在牵牛，春分时在娄，夏至时在东井，秋分时在角。冬至起从南向北，夏至起从北向南，周而复始运行。

# 周髀算经卷下

## 丙　周髀天文篇[1]：周髀学说

### 一、盖天天地模型[2]

凡日月运行，四极[3]之道。运，周也。极，至也，谓外衡也。日月周行四方，至外衡而还[4]，故曰四极也。极下者，其地高人所居六万里[5]，滂沱四陨而下[6]。游北极，从外衡至极下，乃高六万里，而言人所居，盖复尽外衡。滂沱四陨而下，如覆槃也。天之中央亦高四旁六万里[7]。四旁犹四极也，随地穹隆而高，如盖笠。故日光外所照径八十一万里，周二百四十三万里。日至外衡而还，出其光十六万七千里，故云照。故日运行处极北，北方日中，南方夜半；日在极东，东方日中，西方夜半；日在极南，南方日中，北方夜半；日在极西，西方日中，东方夜半。凡此四方者，天地四极四和[8]。四和者，谓之极。子午卯酉得，东西南北之中，天地之所合，四时之所交，风雨之所会，阴阳之所和；然则百物阜安，草木蕃庶，故曰四和。昼夜易处，南方为昼，北方为夜。加时相反[9]，南方日中，北方夜半。然其阴阳所终，冬夏所极，皆若一也。阴阳之数齐，冬夏之节同，寒暑之气均，长短之晷等。周回无差，运变不二[10]。

【注释】

　　[1] 周髀天文篇：《周髀算经》卷下叙述古代中国有关北极和日月星座[视] 运行的天文观察和理论。底本卷下本无标题，此标题（丙　周髀天文篇：周髀学说）和下文分标题（一、盖天天地模型）均为笔者所加。《周髀天文篇》的内容包含盖天天地模型、北极璇玑结构、二十八宿与日月（视）运

行的关系、日月（视）运行与二十四节气的关系以及研究年月系统的历法学。

〔2〕盖天天地模型：这部分叙述盖天学派的天地模型。

〔3〕四极：四个极限位置，系《周髀算经》中的术语，其含义视上下文而定。例如"日光四极"指太阳光照范围，"璇玑四极"指北极星绕天中运行的四个极限位置。在此四极是指太阳视运行的四极，即日道上极北、极南、极东、极西四极点。

〔4〕日月周行四方，至外衡而还：叙述日月（视）运行轨道的迁移现象。按卷上"七衡图"模型，太阳和月亮在圆周形的轨道上环行。往外迁移时，轨道半径越来越大。外衡是圆形轨道的最大极限，运行到外衡后，轨道半径就越来越小。四方：指东南西北。

〔5〕极下者，其地高人所居六万里：北极之下，高出人所居住的地方六万里。

〔6〕滂沱四隤而下：形容高原四周有大水急流而下。滂沱：滂沱，大雨貌。沱（tuó）：同"沱"。隤（tuí）：坠落。

〔7〕天之中央亦高四旁六万里：此句综合了商高"笠以写天"的形态描写和陈子日高八万里之数，指出天的中央（即北极之天）比四旁高六万里。正如赵爽所说，天如盖笠，随地穹隆而高。李淳风注则认为天地是两个平行的圆锥面。历来多数学者如篠原善富《周髀算经国字解》、能田忠亮《周髀算经の研究》、陈遵妫《中国天文学史》、恰特莱（Herbert Chatley）"The Heavenly Cover": a Study in Ancient Chinese Astronomy（1938）、钱宝琮《周髀算经考》等都主张天地是两个平行的曲面，尽管细节不尽相同，大体上符合赵爽注文。图五十一是恰特莱提出的同心曲面天地模型示意图（采自李约瑟《中国科学技术史》Science and Civilisation in China，卷三）。近来盖天说的天地模型又有几种不同的推测。为了保持天地间距离八万里之数，盖天模型中天之中央的形状也被修正，形成一个直径23 000里的凹洞。如1993年李志超提出"对应凹凸平行平面"的天地模型；接着，1996年江晓原提出另一个类似的凹凸平行平面的天地模型（见《〈周髀算经〉盖天宇宙结构考》）。1996年古克礼（Christopher Cullen）提出双圆盘倒扣的天地模型（见 Astronomy and mathematics in ancient China: the Zhou bi suan jing）。2008年吴蕴豪和黎耕提出了中轴倾斜的圆锥天地模型（见《"倚盖"说与〈周髀算经〉宇宙模型的再思考》）。此外，江晓原认为《往世书》所载神话中流传的天地模型与盖天模型有相似之处，因此提出盖天模型外来的可能性。曲安京认为："很难说《周髀算经》盖天说大地形状与印度苏迷卢山模型有什么真正的相似之处"（参阅曲安京《〈周髀算经〉新议》，第97—102页）。我们认为关于《周髀算经》盖天模型以及它与域外交流的可能性有待继续研究探讨。《往世书》：印度教圣典。

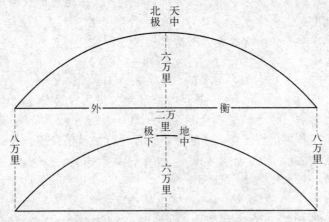

**图五十一　平行球冠的盖天模型**

〔8〕四极四和：东西南北，四方协和。四极：日道上极北、极南、极东、极西四极点。四和：四方协和。

〔9〕加时相反：日中、夜半南、北相反。底本、胡刻本、戴校本作"加四时相及"。钱校本依孙诒让改为"加时相反"，郭刘本从之，今亦从。"四"字是衍文。"及"字为"反"之误。加时：时刻。加酉之时：酉时。加卯之时，卯时。

〔10〕阴阳之数齐，冬夏之节同，寒暑之气均，长短之暑等。周回无差，运变不二：阴数和阳数的变化齐同，冬夏的时节长短相同，寒暑的节气均衡，暑影的长短相等。循环往复无差异，运行变化一致。冬属阴，夏属阳；冬至时阴数达到极值，夏至时阳数达到极值；阴数和阳数，冬夏的时节，寒暑的节气和暑影的长短都是对称均衡的。

**【译文】**

　　日月运行轨道的迁移限于四极之内。运行，圆周运动。极，到头。说的是外衡。日月在四方之内作圆周运动，到外衡而返，所以叫四极。北极之下，高出人所居住的地方六万里。四周有大水急流而下。北极环游所对应的极下，比从外衡至极下人所居之地高出六万里。从极下到外衡为止。大水向四周急流而下，像覆盖的盘子。天的中央亦高出四周六万里。四旁就是四极，随地穹隆而天也高凸，如盖笠。所以日光向外照射的最大直径是八十一万里，周长是二百四十三万里。日运行到外衡而返，射出其光达十六万七千里，所以说照。所以太阳运行到极北时，北方正当中午，南方正当半夜。太阳运行到极东时，东方正当中午，西方正当半夜。太阳运行到极南时，南方正当中午，北方正当半夜。太阳运行到极西时，西方正当中午，东方正当半夜。所有这些太阳运行到四方所发生的现象，表明天地间东西南北，四方协和。四和是最好的状态。也就是子、午、卯、酉之时，东、西、南、北各方，天地相配合，四时作交替，不管风雨交会，阴阳皆和谐有序；那么百物大安，草木繁茂，所以叫四和。昼夜太阳出现在相反的地方，南方为昼，北方为夜。日中、夜半，南、北相反，南方日中，北方夜半。然而阴阳之数互动、互补变化的程度，冬夏两季日月运行的极限位置，也都遵循同一规律。阴数和阳数的变化齐同，冬夏的时节长短相同，寒暑的节气均衡，晷影的长短相等。循环往复无差异，运行变化一致。

天象盖笠，地法覆槃[1]。见乃谓之象，形乃谓之法[2]。在上故准盖，在下故拟槃。象法义同，盖槃形等。互文异器，以别尊卑；仰象俯法，名号殊矣。天离地八万里，然其隆高相从，其相去八万里。冬至之日虽在外衡，常出极下地上二万里[3]。天地隆高，高于外衡六万里。冬至之日虽在外衡，其想望为平地[4]，直常出于[5]北极下地上二万里。言日月不相障蔽，故能扬光于昼，纳明于夜。故日兆月[6]，日者阳之精，譬犹火光；月者阴之精，譬犹水光。月含影，故月光生于日之所照，魄生于日之所蔽。当日即光盈，就日即明尽[7]。月禀日光而成形兆，故云日兆月也。月光乃出，故成明月，待日然后能舒其光，以成其明。星辰乃得行列[8]。《灵宪》曰："众星被曜，因水转光[9]。"故能成其行列。是故秋分以往到冬至，三光[10]之精微，以成其道远，日从中衡往至外衡，其径日远。以其相远，故光微。不言从冬到春分者，俱在中衡之外，其同可知。此天地阴阳之性，自然也。自然如此，故曰性也。

**【注释】**

〔1〕天象盖笠，地法覆槃：天好比竹笠帽，地就像被覆盖在下的承水盘。这是盖天天地模型的高度概括和形象比喻。学术界对这八个字的解释，见仁见智，莫衷一是。由此产生了许多不同的宇宙模型，详见上文注〔7〕。象：相像。法：相仿。

〔2〕见乃谓之象，形乃谓之法：仰观上空所见的叫做天象，俯视地形觉察

的叫做地法。

〔3〕天离地八万里，冬至之日虽在外衡，常出极下地上二万里：天离地八万里，冬至的太阳虽在外衡上运行，依然比极下的地面高出二万里。离：距离。

〔4〕冬至之日虽在外衡，其想望为平地：冬至之时太阳虽远在外衡，但可在天地平行平面模型中想象它的运行。

〔5〕于：底本、胡刻本作"地"，据戴校本改。

〔6〕日兆月：意指日光照月亮，才显现月亮之形。兆：显现。

〔7〕日者阳之精，……就日即明尽：赵爽的这几句注文采用了《灵宪》的观点。《灵宪》说："夫日譬犹火，月譬犹水，火则外光，水则含景。故月光生于日之所照，魄生于日之所蔽，当日则光盈，就日则光尽也。"魄：月始生或将灭时的微光。

〔8〕星辰乃得行列：星辰因日光所照发光而显示其坐标位置。行列：上下左右坐标位置。

〔9〕因水转光：靠水反射日光。底本、胡刻本、戴校本作"因水火转光"，钱校本依孙诒让删"火"字。《后汉书·天文志》刘昭注引《灵宪》也作"因水转光"。今从。

〔10〕三光：日、月、星辰。

【译文】

天好比覆盖在上的笠，地犹如被覆盖的盘。仰观上空所见的叫做天象，俯视地形觉察的叫做地法。天在上所以用笠比喻，地在下所以用盘比拟。象与法的语义相同，盖与盘形状类同。用互文表示不同器物，以区别天尊地卑；向上仰观天象，向下俯察地法，名号不同。天离地面八万里，然而它们隆起的高凸相同，其间相隔八万里。冬至的太阳虽在外衡上运行，依然比极下的地面高出二万里。天地隆起高凸，北极高于外衡六万里。冬至之时，太阳虽远在外衡，但可在天地平行平面模型中想象它的运行，太阳依然高于北极下地二万里。说日月不相互屏蔽，所以白天阳光普照，夜晚月亮接受阳光而放光明。所以日光灼照月亮，太阳是阳气的精华，譬如火光；月亮是阴气的精华，譬如水光。月亮含有光影，所以月光生于日光的照射，日光被遮蔽之处月呈微光。正面迎日时月光就充盈，日光终结时月光就暗淡。月禀承日光而成月明之形，所以说日光灼照月亮。才映出月光，而成明月之形，等日光照到然后能舒发月光，而成明月之形。星辰因日光所照发光而显示其坐标位置。《灵宪》说："众星被照耀，靠水反射光。"所以坐标位置得以确认。因此秋分以后到冬至，日、月、星辰的光芒逐渐衰微，它的原因是其轨道半径越来越大、距离越来越远。日从中衡往外衡运动，其距离随轨道半径的增大而日益远去。因为相距变远，所以光线转微。不说从冬至到春分的过程，因都在中衡与外衡之间，其情形相同可以推知。这是天地相对所产生的阴阳互动互补的固有特性。自然固有如此，所以称为性。

## 二、北极璇玑结构[1]

欲知北极枢[2]璇周四极[3]，极中不动，璇，玑也[4]。言北极璇玑周旋四至。极，至也。常以夏至夜半时，北极南游所极[5]；游在枢南之所至。冬至夜半时，北游所极；游在枢北之所至。冬至日加酉之时，西游所极；游在枢西之所至。日加卯之时，东游所极；游在枢东之所至。此北枢[6]璇玑四游[7]。北极游常近冬至，而言夏至夜半者，极见，冬至夜半极不见也。正北极枢璇玑之中，正北天之中，正极之所游。极处璇玑之中，天心之正，故曰璇玑也。

【注释】

〔1〕此标题为笔者所加。

〔2〕北极枢：北极星视圆周移动的假设轴，轴位为北极中心，即周髀家所谓的天心。

〔3〕璇周四极：北极星绕北极枢形成璇玑周的四个极，即璇玑四游的范围。

〔4〕璇，玑也：璇，指璇玑。

〔5〕夏至夜半时，北极南游所极：由于地球自转，在地面观察者看来，所有恒星一昼夜间绕北极一周，即所谓周日拱极视运动。按《周髀算经》的宇宙模式，北极星作周日拱极运动；因此冬至夜半、卯时、日中、酉时四个时刻分别对应北极星的四个极限位置。但由于冬至日中不可能观测北极星，所以改在夏至夜半观测，间接得到冬至日中北极星的极限位置。

〔6〕北枢：北极枢。参见注〔2〕。

〔7〕璇玑四游：参见注〔3〕。

【译文】

欲知北极星绕北极枢视圆周移动所得璇玑周的四个方位极的范围，北极枢是北极的中心，不动。璇，璇玑。指的是北极璇玑在四至（即四极）之间作圆周迁移。"极"，其义同"至"。往往以夏至的夜半时，北极星向南移动到的极点；圆周运动到北极枢南端。冬至的夜半时，北极星向北移动到的极点；圆周运动到北极枢北端。冬至的酉时，北极星向西移动到的极点；圆周运动到北极枢西端。冬至的卯时，北极星向东移动到的极点；圆周运动到北极枢东端。作为确定北极枢的位置和其璇玑周四方位的极点。北极游常在近冬至时测，而说夏至夜半时，北极可见，冬至夜半时，北极不可见。一旦北极枢璇玑的中心位置确定，北天的中心位置就确定了，接着北极枢璇玑迁移的范围也确定了。北天极位于璇玑的中心，正当天心之处，所以有璇玑之称。

　　冬至日加酉之时，立八尺表，以绳系表颠[1]，希望[2]北极中大星[3]，引绳致地而识之[4]。颠，首。希，仰。致，至也。识之者，所望大星、表首及绳至地[5]，参相直而识之也。又到旦明，日加卯之时，复引绳希望之，首及绳致地而识。其两端相去二尺三寸，日加卯、酉之时，望至地之相去也[6]。故东西极二万三千里[7]。影寸千里，故为东西所致之里数也。其两端相去正东西，以绳至地所识[8]两端相直，为东西之正也。中折之[9]以指表，正南北。所识两端之中与表，为南北之正。加此时者[10]，皆以漏[11]揆度[12]之。此东西[13]之时。冬至日加卯、酉者，北极之正东、西，日不见矣。以漏度之者，一日一夜百刻。从夜半至日中，从日中至夜半，无冬夏，常各五十刻。中分之得二十五刻，加极卯酉之时。揆亦度也。其绳致地，所识去表丈三寸，故天之中去周十万三千里。北极东西之时，与天中齐，故以所望表勾为天中去周之里数。何以知其南北极之时？以冬至夜半北游所极也，北过天中万一千五百里；以夏至南游所极，不及天中万一千五百里；此皆以绳系表颠而希望之。北极至地所识丈一尺四寸半，故去周十一万四千五百里，过天中万一千五百里，其南极至地所识九尺一寸半，故去周九万一千五百里，不及[14]天中万一千五百里。此璇玑四极南北过不及[15]之法。东西南北之正勾。以表为股，以影为勾[16]。影言正勾者，四方之影皆正而定也[17]。

　　其术曰[18]：立正勾定之[19]。正四方之法也。以日始出，立表而识其晷。日入复识其晷。晷之两端相直者，正东西也。中折之指表者，正南北也。[20]

　　周去极十万三千里，日去人十六万七千里，夏至去周一万六千里。夏至日道径二十三万八千里，周七十一万四千里。春秋分日道径三十五万七千里，周百七万一千里。冬至日道径四十七万六千里，周百四十二万八千里。日光四极八十一万里，周二百四十三万里，从周南三十万二千里[21]。

**【注释】**

〔1〕表颠：表顶。

〔2〕希望：仰望。

〔3〕北极中大星：北极星。由于岁差之故，北极在天空中缓慢移动，约26 000年转一周，所以附近视为北极星的恒星也非固定不变。清陈杰《算法大成》、邹伯奇《学计一得》、能田忠亮《周髀算经の研究》、陈遵妫《中国天文学史》等都认为此"北极中大星"指中国古代所谓北极五星中的"帝星"，即今小熊座 β 星。（参阅能田忠亮《周髀算经の研究》，第77页。又陈遵妫《中国天文学史》上，第116页。）

〔4〕引绳致地而识之：从表首引绳至地，使北极星、表首及引绳着地点三点成一线，在引绳着地点作出标记。这是陈子测北极去周水平距离之法（见《陈子篇·荣方问陈子（二）》注〔29〕），在此用来测算北极星绕北极枢周行的范围。图五十二展示环行移动所显示的东西游和南北游（引自钱宝琮《盖天说源流考》，又参阅陈遵妫《中国天文学史》上，第117、118页）。

〔5〕地：底本作"也"，据胡刻本、戴校本改。

〔6〕去也：底本、胡刻本、戴校本于"去"下衍"子"字，依钱校本删。

〔7〕其两端相去二尺三寸，故东西极二万三千里：根据所测得地上两端之距（即勾）23寸，求得东极与西极之间的距离为23 000里。此推算是依照陈子重差公式（2-1-5）。利用陈子所采用的夏至数据 $(\chi_0, \lambda_0)$ = （16 000里，16寸）定系数 $\chi_0/\lambda_0$ 得东极与西极之间的距离 $(\chi_2 - \chi_1)$：

$$\chi_2 - \chi_1 = \frac{\chi_0}{\lambda_0}(\lambda_2 - \lambda_1) = \frac{16\,000\ 里}{16\ 寸}(23\ 寸 - 0) = 23\,000\ 里$$

〔8〕识：底本、胡刻本作"谓"，据戴校本改。

〔9〕中折之：平分此东西两端的连线，即取其中点。

〔10〕加此时者：指酉时和卯时。

〔11〕漏：刻漏，古代的计时装置。

〔12〕揆（kuí）度：度量。

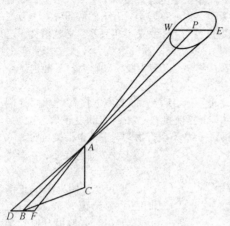

W：冬至日加酉之时，西游所极
E：日加卯之时，东游所极
AC：所立8尺之表
DF：其端相去2尺3寸
BC：其绳致地所识，去表1丈3寸

N：冬至夜半北游所极
S：夏至夜半南游所极
GC：北极至地所识1丈1尺4寸半
HC：其南端至地所识9尺1寸半

（a）北极璇玑东西游图解　　　　（b）北极璇玑南北游图解

**图五十二　北极璇玑四游图解**

〔13〕东西：底本、胡刻本、戴校本原作"东西南北"，顾观光《周髀算经校勘记》认为"南北"两字系衍文，今据上下文意，采用顾说，"南北"两字当删。

〔14〕不及：底本、胡刻本作"其南不及"。据顾观光《周髀算经校勘记》，删去"其南"二字。

〔15〕过不及：超过和不到。

〔16〕以影为勾：底本、胡刻本此句下有"绳至地所亦如短中径二万六千六百三十二里有奇法：列八十一万里，以周东西七十八万三千三百六十七里有奇减之，余二万六千六百三十三里。取一里，破为一百五十六万六千七百三十五分，减一十四万三千三百一十一，余一百四十二万三千四百二十四。即径东西二万六千六百三十二里一百五十六万六千七百三十五分里之一百四十二万三千四百二十四"，凡一百四十七字，钱校本认为与北极璇玑四游毫不相干，系卷上"周在天中南十万三千里"节之甄鸾注复衍于此，故删去。今从。

〔17〕影言正勾者，四方之影皆正而定也：此十四字之前，除上注复衍的甄鸾注一百四十七字之外，尚有"周去极十万三千里，日去人十六万七千里，夏至去周一万六千里。夏至日道径二十三万八千里，周七十一万四千里。春秋分

日道径三十五万七千里，周百七万一千里。冬至日道径四十七万六千里，周百四十二万八千里。日光四极八十一万里，周二百四十三万里，从周南三十万二千里"大字，凡一百十三字。钱校本以为与上下文义不相联系，必是衍文，已删去。今保留在下节原文中，以待进一步研究。钱校本认为注文"影言正勾者，四方之影皆正而定也"，十四字，应与"以表为股，以影为勾"相连。今从。正：定，决定。

〔18〕自"其术曰"至"正南北也"凡45字，原刊本紧接在"此阳绝阴彰，故不生万物"之后，疑为错简。今提前接在"东西南北之正勾"之后，不仅此处文通字顺，而且"此阳绝阴彰，故不生万物"与下节也衔接自然。

〔19〕立正勾定之：立表得正勾来测定。

〔20〕以日始出……正南北也：《考工记·匠人》曰："匠人建国。水地以县，置槷以县，眡以景。为规，识日出之景，与日入之景。昼参诸日中之景……以正朝夕。"槷即表杆，两书指的是同一种定南北方向的方法。（参见图五十三·以槷的日影测定方向示意图）

〔21〕从周南三十万二千里：日光四极的直径为810 000里，半径为405 000里，减去周地离极下103 000里，所得302 000里就是从周地向南到日光四极的极南点的距离。

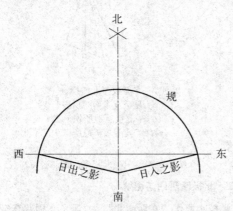

图五十三　以槷的日影测定方向示意图

【译文】

　　冬至日酉时，树立高八尺的表竿，以绳系住表顶，仰望观测北极星，从表首引绳至地，使北极星、表首及引绳着地点三点成一线，在引绳着地点作出标记。颠，首。希，仰。致，至。识之，所测望的大星、表首及引绳着地点三点成一直线而予以标识。等到明天早晨卯时，又引绳仰望观测，使北极星、表首及引绳着地点三点成一线，在引绳着地点作出标记。两着地点相距二尺三寸，日在卯、酉之时，测望着地点之间的距离。所以北极星的极东、极西点相距23 000里。影差一寸地差千里，所以是极东、极西点之间的里数。两着地点的连线在正东西方向，所标记的两个引绳着地点相连成直线，为正东西方向。平分此连线，中点与表竿的连线在正南北方向。所标记的东西连线两端的中点与表的连线，为正南北方向。正确的测量时刻，都是以刻漏度量得到。当北极星东西游之时，冬至日卯时、酉时，北极的正东、正西，看不见太阳。以刻漏度量，一日一夜共百刻。从夜半到日中，从日中到夜半，无论冬夏，总是各五十刻。平分之得二十五刻，是北极东西游之时。揆，就是度量。测绳着地点的标记，距离表竿一丈三寸，所以天的中央距离周地 103 000 里。北极东西游之时，与天中同样远近，因此以所测望的表勾为天中离周地的里数。怎么知道北极星南北游之时的情形？从冬至日夜半北游所至的极限，向北超过天中 11 500 里；从夏至日南游所至的极限，不到天中 11 500 里；可以推算。这些数据都是以绳系表顶、仰望观测来的。北极星北游到极限时引绳着地点距表一丈一尺四寸半，所以北极星北游到极限时离周地〔的水平距离〕为 114 500 里，超过天中〔的水平距离〕11 500 里。北极星南游到极限时引绳着地点距表为九尺一寸半，所以北极星离周地〔的水平距离〕为 91 500 里，它在天中之南，距离天中 11 500 里。这是璇玑四极南北游时超过或不到天中的测算法。以上测定北极星东西南北四游的方法都涉及测定正勾。以表高为股，以影长为勾。称表影为正勾的原因，测定四游的表影都从正四方的位置得来。

测定东西南北的方法：立表得正勾来测定。测定正东、正西、正南、正北四方的方法。在日出时，立表竿，标识其晷影。在日落时，再标识其晷影。连接此晷影两端的直线，代表正东西方向。平分此连线，从中点到表竿的连线，代表正南北方向。

周地离极下 103 000 里，太阳光〔最多〕离人 167 000 里，夏至时太阳到周地〔的水平距离〕16 000 里。夏至日道的直径为 238 000 里，周长为 714 000 里。春、秋分日道的直径为 357 000 里，周长为 1 071 000 里。冬至日道的直径为 476 000 里，周长为 1 428 000 里。日光四极的直径为 810 000 里，周长为 2 430 000 里，从周地向南 302 000 里到日光四极的极南点。

璇玑径二万三千里，周六万九千里。此阳绝阴彰[1]，故不生万物。春、秋分谓之阴阳之中，而日光所照适至璇玑之径，为阳绝阴彰，故万物不复生也。极下不生万物，何以知之？以何法知之也。冬至之日去夏至十一万九千里，万物尽死。夏至之日去北极十一万九千里，是以知极下不生万物。北极左右，夏有不释[2]之冰。水冻不解，是以推之，夏至之日外衡之下为冬矣，万物当死。此日远近为冬夏，非阴阳之气。爽或疑焉。春分、秋分，日在中衡。春分以往日益北，五万九千五百里而夏至；秋分以往日益南，五万九千五百里而冬至。并冬至、夏至相去十一万九千里。冬至[3]以往日益北近中衡，夏至以往日益南近[4]中衡。中衡去周七万五千五百里，影七尺五寸五分。中衡左右，冬有不死之草，夏长之类[5]。此欲以内衡之外，外衡之内，常为夏也。然其修广，爽未之前闻。[6]此阳彰阴微，故万物不死，五谷一岁再熟。近日阳多，农再熟。凡北极之左右，物有朝生暮获[7]，冬生之类[8]。获疑作穫[9]。谓荨苈、荞麦，冬生之类。北极之下，从春分至秋分为昼，从秋分至春分为夜。物有朝生暮获者，亦有春刍而秋熟。然其所育，皆是周地冬生之类，荞麦之属。言左右者，不在璿玑二万三千里之内也。此阳微阴彰，故无夏长之类。

**【注释】**

〔1〕阳绝阴彰：阳气断绝，阴气彰盛。绝：断绝，消亡；彰：明显，彰盛。

〔2〕释：融化。

〔3〕冬至：底本缺，依钱校本补。

〔4〕近：底本作"远"，依钱校本改。

〔5〕夏长之类：适宜夏天生长的类型。

〔6〕然其修广，爽未之前闻：然而其大小范围，赵爽以前从未听闻。此节涉及极寒地带和暑热地带生物现象，极寒地带的现象或许能从陈子天地模型（如日光过极相接与不相及的理论）约摸推测，暑热地带的范围难以从陈子天地模型推测，故赵爽坦率承认不了解其大小范围。因这些生物现象在现存中国古代文献中稀见，故有学者疑其来自域外的寒带、温带和热带划分。（参见江晓原、谢筠译注《周髀算经》第43—46页）此处是否涉及古代中外文化交流仍有待探索。

〔7〕朝生暮获：因北极附近的地区半年为昼，半年为夜，一年只有"一昼一夜"的变化，故可说农作物在一天的早晨开始生长，到傍晚就可收获。

〔8〕冬生之类：底本阙，钱校本据赵爽注校补，今从。冬生之类：适宜寒冬生长的类型。

〔9〕获疑作穫：赵爽认为原文中"获"可能是"穫"，系形近之误。

**【译文】**

璇玑的直径是 23 000 里，周长是 69 000 里。此处阳气断绝，阴气彰盛，所以万物不能生长。春、秋分叫做阴阳的平衡，而日光所照恰到璇玑的轨道，此处阳气断绝，阴气彰盛，所以万物不能生长。极下之地万物不能生长，这是怎么知道的？用什么方法知道的。冬至的太阳比夏至的太阳远119 000 里，冬至时万物都死。夏至的太阳离北极119 000 里，所以推知极下之地万物不能生长。北极附近，夏天有未融化的冰。冰冻不融化，因此推知，夏至的时候外衡之下为冬天，万物应当死亡。这推理以太阳远近为冬夏，而不用阴阳之气解释。赵爽我有疑问。春分、秋分时，太阳在中衡。春分以后太阳轨道日益北移，经59 500 里而到夏至轨道；秋分以后太阳轨道日益南移，经59 500 里而到冬至轨道。冬至、夏至轨道相隔十一万九千里。冬至以往太阳日益向北靠近中衡，夏至以往太阳日益向南靠近中衡。中衡[之下] 离周地75 500 里，影差七尺五寸五分。中衡 [之下] 附近，冬天有不死之草，这是适宜暑夏生长的类型。这需要内衡之外，外衡之内，有长年夏季之地。然而其大小范围，赵爽我以前从未听闻。此区域内阳气彰盛、阴气衰微，所以万物不死，五谷在一年中可以成熟两次。靠近太阳的地方阳气多，农作物一年成熟两次。北极周边的地区，农作物早晨开始生长，傍晚就可收获，这是适宜寒冬生长的品类。猎獾之獾疑作收穫之穫。说葶苈、荞麦，适宜寒冬生长的品类。北极之下，从春分到秋分为白昼，从秋分到春分为黑夜。农作物早晨开始生长，傍晚就可收获，亦有春天耕耘而秋天成熟。然而那里所生长培育的，都是周地适宜寒冬生长的品类，如荞麦之类。说到北极左右的地区，不包括璇玑二万三千里之内的部分。这里阳气衰微阴气彰盛，所以没有适宜夏天生长的品类。

# 三、二 十 八 宿[1]

立[2]二十八宿，以周天历度之法[3]。以，用也。列二十八宿之度用周天。术曰：倍正南方[4]，倍犹背也。正南方者，二极之正南北也。以正勾定之[5]。正勾之法，日出入识其晷，晷两端相直者正东西，中折之以指表正南北。即平地径二十一步[6]，周六十三步。令其平矩以水正[7]，如定水之平，故曰平矩以水正也。则位径一百二十一尺七寸五分，因而三之，为三百六十五尺四分尺之一，径一百二十一尺七寸五分，周三百六十五尺二寸五分者，四分之一。而或言一百二十尺，举其全数。以应周天三百六十五度四分度之一。**审定分之，无令有纤微。**所分平地，周一尺为一度，二寸五分为四分度之一。其令审定，不欲使有细小之差也。纤微，细分也。**分度以定则正督经纬[8]，而四分之一，合各九十一度十六分度之五，南北为经，东西为纬。督亦通正[9]。**周天四分之一，又以四乘分母以法除之。于是圆定而正。分所圆为天度，又四分之，皆定而正。**则立表[10]正南北之中央，以绳系颠，希望[11]牵牛[12]中央星[13]之中[14]。**引绳至经纬之交以望之，星与表绳参相直也。**则复候须女之星[15]先至[16]者，复候须女中，则当以绳望之。**如复以表绳希望须女先至。**定中[17]，**须女之先至者，又复如上引绳至经纬之交以望之。**即以一游仪[18]，希望牵牛中央星出中正表西几何[19]度。**游仪，亦表也。游仪移望星为正，知星出中正之表西几何度，故曰游仪。**各如游仪所至之尺为度数，**所游分圆周一尺应天一度，故以游仪所至尺数为度。**游在于八尺之上，故知牵牛八度[20]。**须女中而望牵牛，游在八尺之上，故牵牛为八度。**其次星放此，以尽二十八宿，度则定矣[21]。**皆如此上法定。

**【注释】**

〔1〕二十八宿：观测日月星辰视运行的二十八个星组系统，此标题为笔者所加。在帝尧时代，天体视运行的观测采用当时在东南西北方位的昴、火、鸟、虚四个星组作为观测系统。接着，由此四星组逐渐地发展到二十八星组定位参照系统。其方法是在每宿中选定一个比较近赤道和显著的恒星（为兼顾度数不一定最亮）作为标志星，即距星，此二十八距星形成古代中国的天体赤道坐标。一个天体在此赤道坐标中是以子午线上"去极度 p"和赤经上"入宿度 β"（即与最靠近的距星之间的赤经差）来定位（参见图五十四 a）。在现代天文赤道坐标中是以子午线上的"偏差度 δ"和赤经上春分的"距差度 α"来定位（参见图五十四 b）。显然，古代中国天文赤道坐标与现代天文赤道坐标是等价的。现将二十八宿距星与西方通用星座名的比较列于图五十五。二十八宿赤道坐标系统是中国天文学的一个重要成就。学术界不仅对二十八宿系统完成年代提出不同看法，而且对其赤道传统的来源也有多种推测，李约瑟在《中国科学技术史》（*Science and Civilisation in China*）卷三（231，246，252—258 等页）指出"许多西方学者几乎不能相信一个完整赤道天体系不经过黄道阶段就能形成，但无疑问是（在中国）发生了"。但是他们认为这赤道传统不是

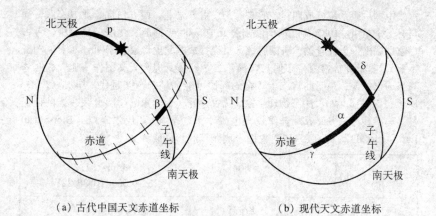

（a）古代中国天文赤道坐标　　　　　（b）现代天文赤道坐标

**图五十四　天文赤道坐标示意图**

中国的而是来自巴比伦，并以《周髀算经》的七衡图作为巴比伦平面天体图（Babylonian planisphere）传入中国的依据。1990 年程贞一和席泽宗在第三届牛津国际考古天文学会议的论文报告中指出，七衡图不是一个天体图，与巴比伦的平面天体图没有关系；二十八宿的距星与平面天体图中的星体也没有实质联系（见程贞一和席泽宗《〈尧典〉和中国天文的起源》〔英文〕，*Astronomies and Cultures*，Colorado 出版社，1993，32—66 页）。因《周髀天文篇》"二十八宿"的记载只提到几个星名，而《月令》的"二十八宿"只有二十四个宿的星名记载但没有系统化，最早二十八宿星名的完整记载出现于《吕氏春秋》，故有些学者认为二十八宿的完成不可能早于公元前三世纪。然而随着 1978 年湖北随县曾侯乙墓二十八宿天文图之出土，长达两个世纪之久的二十八宿完成年代之争终于告一段落。曾侯乙天文图把二十八宿星名以椭圆形围绕着北斗星名列出，在其两旁绘有青龙白虎。（参见图五十六，图中小篆字体的二十八宿星名转换成正楷字体星名，并列出对应的通用星名，以便阅读。）根据墓中楚王所赐葬礼铭文，曾侯乙卒于公元前 433 年，因此二十八宿完成年代不晚于公元前五世纪。关于中国二十八宿的起源，需要同时考察文献记载和新的考古证据。早在 1862 年，J. B. 毕奥指出可以利用岁差原理推算《尚书·尧典》所载观测这四个星组在其象限位置的年代。依照传统黄昏六时为观测时间，毕奥求得公元前 2400 年为帝尧观测此四组星与四季关系的年代（见 Jean-Baptiste Biot, *Ètudes sur l'Astronomie Indienne et sur l'Asteonomie Chinoise*, Lévy, Paris, 1862, 第 263 页）。尽管学术界（如日本桥本增吉〔1928〕）对四星组与四季关系的观测年代也有不同推测，毕奥求得的年代不仅与传统上对帝尧活动年代的认识基本一致，且与 2005 年发现的山西襄汾陶寺疑似尧舜时代观象遗址的年代大致相符。

古代中国星组系统分成四宫：东方青龙、南方朱鸟、西方白虎、北方玄武。每宫有七个星组。1987 年在河南濮阳公元前 5000 年仰韶文化层一墓葬中，考古学家发掘出一男性骨骼，头南脚北，贝壳摆成的龙虎形象置于两旁（参见图五十七）。把此龙虎宫方位布局与曾侯乙二十八宿龙虎宫天文图作一比较，两者显然同出一源，说明四宫二十八宿的起源可能远早于帝尧时代。毕奥（J. B. Biot，1774—1862）：法国物理学家、天文学家、数学家。1815 年发现光的偏振性。与萨伐尔（Savart）合作发现电磁学上的毕奥-萨伐尔定律（Biot-Savart Law）（1820）。其子 É. 毕奥曾把《周髀算经》译成法文。

| | | | |
|---|---|---|---|
| 1 | | Jiǎo<br>角 | α Virginis（1.2）<br>13 19 55 − 10°38′22″ |
| 2 | | Kàng<br>亢 | κ Virginis（4.3）<br>14 07 34 − 09°48′30″ |
| 3 | | Dī<br>氐 | α² Librae（2.9）<br>14 45 21 − 15°37′35″ |
| 4 | | Fáng<br>房 | π Scorpii（3.0）<br>15 52 48 − 25°49′35″ |
| 5 | | Xīn<br>心 | σ Scorpii（3.1）<br>16 15 07 − 25°21′10″ |
| 6 | | Wěi<br>尾 | μ¹ Scorpii（3.1）<br>16 45 06 − 37°52′33″ |
| 7 | | Jī<br>箕 | γ Sagittarii（3.1）<br>17 59 23 − 30°25′31″ |
| 8 | | Dǒu<br>斗 | φ Sagittarii（3.3）<br>18 39 25 − 27°05′37″ |
| 9 | | Niú<br>牛 | β Capricorni（3.3）<br>20 15 24 − 15°05′50″ |
| 10 | | Nǚ<br>女 | ε Aquarii（3.6）<br>20 42 16 − 09°51′43″ |
| 11 | | Xū<br>虚 | β Aquarii（3.1）<br>21 26 18 − 06°00′40″ |

续 表

| 12 | | Wēi<br>危 | α Aquarii (3.2)<br>22 00 39 −00°48′21″ |
|---|---|---|---|
| 13 | | Shì<br>室 | α Pegasi (2.6)<br>22 59 47 +14°40′02″ |
| 14 | | Bì<br>壁 | γ Pegasi (2.9)<br>00 08 05 +14°37′39″ |
| 15 | | Kuí<br>奎 | η Andromedae (4.2)<br>00 42 02 +23°43′23″ |
| 16 | | Lóu<br>娄 | β Arietis (2.7)<br>01 49 07 +20°19′09″ |
| 17 | | Wèi<br>胃 | 41 Arietis (3.7)<br>02 44 06 +26°50′54″ |
| 18 | | Mǎo<br>昴 | η Tauri (3.0)<br>03 41 32 +23°47′45″ |
| 19 | | Bì<br>毕 | ε Tauri (3.6)<br>04 22 47 +18°57′31″ |
| 20 | | Zī<br>觜 | λ¹ Orionis (3.4)<br>05 29 38 +09°52′02″ |
| 21 | | Shēn<br>参 | ζ Orionis (1.9)<br>05 35 43 −01°59′44″ |
| 22 | | Jǐng<br>井 | μ Geminorum (3.2)<br>06 16 55 +22°33′54″ |
| 23 | | Guǐ<br>鬼 | θ Cancri (5.8)<br>08 25 54 +18°25′57″ |
| 24 | | Liǔ<br>柳 | δ Hydrae (4.2)<br>08 32 22 +06°03′09″ |
| 25 | | Xīng<br>星 | α Hydrae (2.1)<br>09 22 40 −08°13′30″ |

| 26 |  | Zhāng<br>張 | μ Hydrae (3.9)<br>10 21 15 −16°19′33″ |
|---|---|---|---|
| 27 |  | Yì<br>翼 | α Crateris (4.2)<br>10 54 54 −17°45′59″ |
| 28 |  | Zhěn<br>軫 | γ Corvi (2.4)<br>12 10 40 −16°59′12″ |

表中内容依次为：编号；星组示意图（空心圆表示距星）；宿名；对应的西方星座名，括号内为星等，其下左为赤经时分秒，右为赤纬（按公元1900年推算）。

**图五十五 二十八宿距星与西方通用星座名的比较**

（据竺可桢《二十八宿起源之时代与地点》改编）

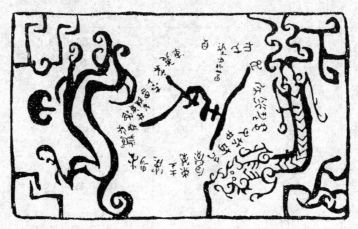

自（角）、坐（氐）、才（方）、凡（心）、仒（尾）、竺（箕）、
（元） （房）

星（斗）、忡（牵牛）、休（伏女）、扄（虚）、勹（宀）、紧（西縈）、柴（東縈）、
（牛） （女） （危） （室） （壁）

圭（圭）、傂（婁女）、毋（胃）、朮（矛）、瓶（緯）、銎（此辈）、杁（叁）、
（奎） （婁） （昴） （毕） （觜） （参）

呙（東井）、恘（與鬼）、呙（西）、芝（七星）、芏（素）、舛（冀）、朿（車）、
（井） （鬼） （柳） （星） （张） （翼） （轸）

**图五十六 曾侯乙二十八宿天文图（摹本）**

**图五十七　濮阳龙虎宫方位布局**

〔2〕立：设置、确定。

〔3〕以周天历度之法：一周天为 $365\frac{1}{4}$ 度，用此确定二十八宿的距度，详见下文"术曰"的介绍。

〔4〕倍正南方：背向正南方，即正北方。

〔5〕以正勾定之：《周髀算经》上文已介绍正勾之法："以日始出立表而识其晷。日入复识其晷。晷之两端相直者，正东西也。中折之指表者，正南北也。"

〔6〕步：一步合六尺。21 步等于 126 尺。

〔7〕平矩以水正：利用平矩法将地整成水平面。

〔8〕正督经纬：察看确认东西、南北方向的十字线是否将大圆精确分为四等分。南北为经，东西为纬。经纬：东西、南北方向的十字线。督：督察，察看。

〔9〕督亦通正：底本、戴校本脱"正"字，胡刻本作"督亦通尺"，今依钱校本补。

〔10〕表：晷表。立在正南北之中央即地面大圆圆心的表，也称"中正表"。

〔11〕希望：仰望观察距星到达正南方的上中天，与表顶和人目三点成一线。

〔12〕牵牛：二十八宿中牛宿，有星六颗，以"中央星"为距星。

〔13〕中央星：牛宿的距星，即今西方星座系统中的摩羯座 β 星。

〔14〕中：上中天，星的轨迹与经线在正南方的天空中相交处。

〔15〕须女之星：二十八宿中女宿。该宿有星四颗，距星即今西方星座系统中的宝瓶座 ε 星。

〔16〕先至：女宿的先至星，即女宿西南星，该星是女宿的距星。

〔17〕定中：须女"先至星"来到"上中天"的位置。

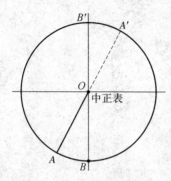

图五十八　游仪测星示意图

〔18〕游仪：可以在地面大圆的圆周上移动测量的表竿，以区别于直立在地面大圆中心固定不动的表。图五十八游仪测星示意图中，中正表立于圆心 O 点，南北方向线与地面大圆相交于 BB′。在表顶系一绳子，观测者站在 B′ 点，等待牵牛宿中央星上中天。当牵牛宿中央星上中天时，拉直绳子，使该星、表顶、人目三点成一线，此线所在的垂直平面与地面大圆相交于 BB′。随后牵牛中央星继续西移，观测者仍在 B′ 点等待须女先至星的出现。当须女先至星上中天时，拉直绳子，使该星、表顶、人目三点成一线，此线所在的垂直平面与地面大圆相交于 BB′。此时牵牛中央星已西移至 A 点，立即去观测牵牛中央星，拉直绳子，使该星、表顶、人目三点成一线，此线所在的垂直平面与地面大圆相交于 AA′。在 A′ 点立一游仪作为须女先至星的标记，A′B′ 之间的弧长尺数，等于 AB 之间的弧长尺数，代表牵牛中央星与须女先至星相距的度数。

〔19〕几何：若干，多少。

〔20〕八度：一般以为按《周髀算经》此节所用的地平坐标系，求得的度数应视为牛宿与女宿两宿距星之间的地平方位角之差，与后世通行的赤道坐标系统中距度的概念不同；但李志超认为"按平天说模型不是不可以测得赤经差"（参阅李志超《戴震与周髀研究》）。在赤道坐标系统中，下一宿距星与本宿距星的赤经差称为本宿的距度，公元前一世纪落下闳（前156—前87）、鲜于妄人、耿寿昌等浑天家所测的二十八宿牛宿与女宿两宿距星之间的距度正是 8 度。不少学者认为用《周髀》方法测量求得的度数应小于距度。依照薄树人估计"结果应只有 6 度"（参阅薄树人《再谈〈周髀算经〉中的盖天说——纪念钱宝琮先生逝世十五周年》）。孙小淳认为"牵牛的距度应为 3 度左右"（参阅孙小淳《关于〈周髀算经〉中的距度和去极度》）。曲安京算得之数值为4°30′（参见曲安京《〈周髀算经〉新议》，第 22 页）。值得注意的是，1977 年在安徽阜阳汝阴侯墓出土了公元前 165 年的二十八宿圆

盘，由一上一下组成，下盘刻有二十八宿星名和距离（见《文物》1978 年第八期，第 19 页，图八）。这些距离与《开元占经》所载古距度大致相符，其中牛宿为 9 度。

〔21〕则定矣：底本、胡刻本作"则之矣"，今依戴校本校正。

## 【译文】

确定二十八宿，用周天历度之法。以，用。测算二十八宿的度数用周天历度之法。方法是：与正南方相反的正北方，倍，相反。正南方，正南方和正北方构成正南北方。以正勾之法定出。正勾之法：日出、日入时分别标识其晷影，晷影的两端相连的直线为正东西方向，中点与表的连线为正南北方向。然后平整土地，准备一块大小为直径 21 步，周长 63 步的圆形地面。利用平矩法使地面成水平面，如定水平法，所以说用平矩法使地面成水平面。其上精确作圆，直径 121 尺 7 寸 5 分，圆周长是其三倍，为 $365\frac{1}{4}$ 尺，直径一百二十一尺七寸五分，周长三百六十五尺二寸五分，二寸五分是四分之一尺。或者就说一百二十尺，说个整数。以应一周天 $365\frac{1}{4}$ 度之数。

仔细度量划分为 $365\frac{1}{4}$ 份 [每尺相当于一度]，不要有纤微的误差。所分的平地，周长一尺为一度，二寸五分为四分之一度。务必查核划定，不要有细小的误差。纤微，指微小的长度。分度划定之后，察看确认东西、南北方向的十字线是否将大圆精确分为四等分，每部分为 $91\frac{5}{16}$ 度。南北为经，东西为纬。督，与正通。一周天的四分之一，又以四乘分母四得十六为除数相除。于是一个水平的刻度圆已完备成形。分所画的圆周为天度，又一分为四象限，都划定而方向正。接着在正南北的中央 [即圆心] 立中央表，在表的顶端系绳，引绳观察，等候看到牵牛宿中央星到达正南方的上中天，与表顶和人目三点成一线。引绳到经纬之交的表端作测望，星、表端与引绳三者同处一直线。然后等候相邻的须女宿的先至星出现，再等候须女宿的先至星，应当以引绳测望。看到须女先至星到达正南方的上中天，与表顶和人目三点成一线。在须女宿先至星到达上中天之时，须女宿的先至星，再如上文引绳到经纬之交的表端作测望。迅即拉绳用三点一线法观测牵牛宿中央星，在圆周上观察者人目位置立一游表，以此确定它已向西侧偏离地面大圆上的南北向直线有多少尺度。游仪，也是一种表。游仪移动着测望星的正确方位，得知星相对于中央表向西侧偏离度数，所以叫游仪。每次测量游表在圆周上所至的尺数，就是度数。所移动位置分圆周一尺相应于周天一度，因此以游仪所到的尺数为度数。因为游表插在 8 尺的刻度上，所以知道牵牛宿的跨度为 8 度。须女定中而望牵牛，游仪移动的位置在八尺之上，所以牵牛为八度。其他各宿均可依同样的方法测量，直到测完二十八宿，各跨度就确定了。都如上文所述的方法测定。


　　立周度[1]者，周天之度。各以其所先至[2]游仪度上，二十八宿不以一星为体，皆以先至之星为正之度。车辐引绳[3]，就中央之正以为毂[4]，则正矣。以经纬之交为毂，以圆度为辐，知一宿得几何度，则引绳如辐，凑毂为正。望星定度皆以方为正南[5]，知二十八宿为几何度，然后环分而布之也。日所出[6]入，亦以周[7]定之。亦同望星之周。欲知日之出入，出入二十八宿，东西南北面之宿，列置各应其方。立表望之，知日出入何宿，从出入径几何度。即以三百六十五度四分度之一，而各置二十八宿。以二十八宿列置地所圆周之度，使四面之宿各应其方。以东井[8]夜半中[9]，牵牛之初[10]临子之中[11]。东井、牵牛，相对之宿也。东井临午，则牵牛临于子也。东井出中正表西三十度十六分度之七而临未之中，牵牛初亦当临丑之中。分周天之为十二位，而十二辰各当其一，所应十二月。从午至未三十度十六分度之七。未与丑相对，而东井、牵牛之所居分之法已陈于上矣。于是天与地协[12]，协，合也。置东井、牵牛使居丑、未相对，则天之列宿与地所为圆周相应合，得之矣。乃以置周二十八宿。从东井、牵牛所居，以十二位焉。置以定，乃复置周度之中央立正表。置周度之中央者，经纬之交也。以冬至、夏至之日，以望日始出也。立一游仪于度上，以望中央表之晷，从日所出度上，立一游仪，皆望中表之晷。所以然者，当曜不复当日，得以视之也。晷参正[13]，则日所出之宿度。游仪与中央表及晷参相直，游仪之下即所出合宿度[14]。日入放此。此日出法求之。

## 【注释】

〔1〕周度：周天度数，即在周天以二十八宿为标识的地平坐标系统。

〔2〕先至：各宿的先至星，即各宿的距星。

〔3〕车辐引绳：引绳时如车轮辐条，由轮圈直指中央的车毂。

〔4〕正：正中。毂：车轮中心的圆木部件。外周中部凿出一圈榫眼以装车辐。

〔5〕以方为正南：底本、胡刻本原文，戴校本作"以南方为正"。

〔6〕出：底本、胡刻本、戴校本作"以"，据顾观光校勘本改。

〔7〕周：前述已分度的圆周。

〔8〕东井：二十八宿中的井宿，位置与牵牛之宿相对。有星八颗，距星即今西方星座系统中的双子座μ星。

〔9〕夜半中：夜半时在南方的午位中天。

〔10〕牵牛之初：牵牛宿的中星。《后汉书·律历志》："（贾）逵论曰：'"太初历"冬至日在牵牛初者，牵牛中星也。'""太初历"：西汉太初元年（前104）颁发邓平造的历法。

〔11〕子之中：指北方的子位中天。

〔12〕天与地协：周天划分与地平方位之间的对应关系已经建立。

〔13〕晷参正：游仪、中央表和晷影三者居于同一垂直面内。

〔14〕合宿度：入宿度，天体和距星之间的赤经差。

## 【译文】

要建立［二十八宿］周度，周天的度数。从上述根据各宿距星上中天时测望在地面大圆上所确立的诸游仪，二十八宿每宿不是一颗星，都以先至星表示距度。向中央表引绳，犹如车轮众辐趋毂，就做对了。以经线、纬线之交为毂，以圆周分度为辐，知道一宿得多少度，就沿辐引绳，向中心的毂集中。测望星、测定度都从南方起算，知二十八宿为多少度，然后沿圆周环行分布。太阳的出入，也以［望星的］圆周测定。也同测望星的圆周。欲知太阳的出入，出入于二十八宿，东、西、南、北面之宿，分别列置与其方位相应。立表测望，知太阳从何宿出入，由此宿出入多少度。需将圆周划分为 $365\frac{1}{4}$ 度，把二十八宿分别放上去。以二十八宿列置于地上所画圆周的分度，使四面之宿各与其方位相应。如果东井宿于夜半时在［地平方位南方午位的］中天，那么牵牛宿的中星到了［地平方位］北方子位的中天。东井、牵牛是相对的星宿。东井到午位，则牵牛到子位。如果东井宿的距星从正南方移动偏西 30 又 $\frac{7}{16}$ 度，而到［地平方位］未位的中天，那么牵牛宿的先至星到了［地平方位］丑位的中天。划分周天之度为十二方位，而十二辰各居其一，对应十二月。从午位到未位三十又十六分之七度。未位与丑位相对，而东井、牵牛的定位分度之法已陈述在上文。这说明周天划分与地平方位之间的对应关系已经建立。协，合。放置东井、牵牛，在丑、未位时它们相对，那么天上的各宿就会与地上所绘圆周分度相对应。继续在圆周上设置其他各宿到二十八宿，从东井、牵牛所处起，分置十二位。都设完，再在圆心竖立中央表。竖立周度的中央表，在经纬之交。在冬至、夏至的那一天，在太阳升出地平时观测，在有分度的圆周上放一游仪［移动］，观察中央表的晷影。从日出所对应的分度上，立一游仪，都望中央表的晷影。之所以这样，看日影不比直接看太阳，可以目视。游仪、中央表和晷影三者居于同一垂直面内时，游仪位置就是太阳升起时的方位度数。游仪与中央表及晷影三者居于同一垂直面内，游仪之下即日出的入宿度。太阳没入地平时的方位度数可仿此确定。用此日出法求之。

　　牵牛去北极[1]百一十五度千六百九十五里[2]二十一步千四百六十一分步之八百一十九。牵牛，冬至日所在之宿于外衡者，与极相去之度数。术曰[3]：置外衡去北极枢[4]二十三万八千里，除璇玑[5]万一千五百里，北极常近牵牛为枢。过极万一千五百里。此求去极，故以除之。其不除者二十二万六千五百里以为实，以三百乘之，里为步。以周天分一千四百六十一乘步为分[6]。内衡之度以周天分为法，法有分，故以周天乘实，齐同[7]之，得九百九十二亿七千四百九十五万。以内衡一度数千九百五十四里二百四十七步千四百六十一分步之九百三十三以为法，如上，乘里为步[8]，步为分[9]，通分内子[10]得八亿五千六百八十万。实如法得一度。以八亿五千六百八十万为一度法。不满法，求里、步。上求度，故以此次求里[11]，次求步。约之[12]，合三百得一，以为实。上以三百乘里为步。而求里，故以三百约余分为里之实。以千四百六十一分为法，得一里。里、步皆以周天之分为母，求度当齐同法实等，故乘以散之。度以定，当次求里[13]，故还为法。不满法者，三之[14]，如法得百步。上以三百约之，为里之实。此当以三乘之，为百步之实[15]。而言三之者[16]，不欲转法，便以一位命为百实，故从一位命为百也。不满法者，上十之，如法得十步[17]。上不用三百乘，故此十之。便以一位为十实，故从一位命为十[18]。不满法者，又上十之，如法得一步。又复上十之者[19]，便以一位为一实，故从一实为一。不满法者，以法命之。位尽于一步，故以法命余为残分。次放此。次娄与角及东井皆如此也。

娄与角去北极[20]九十一度六百一十里二百六十四步千四百六十一分步之千二百九十六。娄，春分日所在之宿也。角，秋分日所在之宿也。为中衡也。术曰：置中衡去北极枢十七万八千五百里以为实，不言加、除者，娄与角准北[21]极在枢两旁，正与枢齐。以娄角无差，故便以去枢之数为实。如上，乘里为步，步为分，得七百八十二亿三千六百五十五万。以内衡一度数为法，实如法得一度。不满法者，求里、步。不满法者，以法命之。

东井去北极[22]六十六度千四百八十一里一百五十五步千四百六十一分步之千二百四十五。东井，夏至日所在之宿。为内衡。术曰：置内衡去北极枢十一万九千里，加璇玑万一千五百里，北极游常近东井为枢，不及极万一千五百里。此求去极，故加之。得十三万五百里以为实，如上，乘里为步，步为分，得五百七十一亿九千八百一十五万分。以内衡一度数为法，实如法得一度。不满法者求里、步。不满法者，以法命之。

**【注释】**

〔1〕牵牛去北极：牵牛星组去北极的距度，115 度 1 695 里 21 $\frac{819}{1\,461}$ 步，因《周髀算经》认为冬至时太阳在牵牛宿，故实指外衡（冬至日道）与北极的距离。

〔2〕里：一里等于 300 步。在此里与步是表示度的零头的计量单位。每度合 1 954 里 247 $\frac{933}{1\,461}$ 步。

〔3〕术曰：此术曰与"娄与角去北极"（见注〔20〕）和"东井去北极"（见注〔22〕）的"术文"叙述推算黄道两分点和两至点的去极度，牵涉到在筹

算中分数演算的步骤，比较繁琐。如将三个去极数用十进小数表示，再做减法运算，可得黄赤交角

$$115.87 \text{ 度} - 91.31 \text{ 度} = 24.56 \text{ 度}。$$

$$91.31 \text{ 度} - 66.76 \text{ 度} = 24.55 \text{ 度}。$$

这些数据的来源，一说来自浑天家（参阅薄树人，1989）或前汉时代（钱宝琮，1937；薮内清，1937 年），尚无具体证据。一说出自公元前四世纪（新城新藏，1933，第18—20页；上田穰，1929），未有定论。曾侯乙墓二十八宿天文图的出土，证实二十八宿系统最迟完成于公元前五世纪，入宿度和去极度当是公元前五世纪天文学家观测二十八宿的基本数据。盖天家以晷影长间接测算黄赤交角 $\varphi$ 必然难达到浑天家用（不同发展阶段的）浑仪直接测量太阳去极度的精密度，但还是值得把此《周髀算经》的数据与以浑仪所得数据作一比较。根据《后汉书·律历志》，贾逵在公元 92 年测量到牵牛（即冬至）的迁移，他指出："石氏《星经》曰：'黄道规牵牛初直斗二十度，去极百一十五度。'（原文作"二十五度"今依《中国天文学史》科学出版社 1981 年版改）于赤道，斗二十一度也。"贾逵的测量数据不仅证实了岁差自然现象而且保存下来公元前四世纪石申有关黄赤交角 $\varphi$ 的数据。由石申所测牵牛去极 115 度减去赤道去极度 $91\frac{5}{16}$（即 $365\frac{1}{4}$ 的四分之一）得黄赤交角 $\varphi$：

$$\varphi = 115 \text{ 度} - 91\frac{5}{16} \text{ 度} = 23\frac{11}{16} \text{ 度}$$

如以一周 360° 推算，石申的交角数据是 $23°44'38''$，此数比《周髀算经》交角数据精确。根据现今数据公元前四世纪黄赤交角 $\varphi$ 是 $23°20'52''$。

〔4〕北极枢：北极中心，北天极。真正天文学意义上的北极。

〔5〕璇玑：在盖天模型中北极星围绕天北极（视）运行，作拱极运动所划出的柱形空间。

〔6〕乘步为分：底本、胡刻本脱"为"字，依戴校本、钱校本补。

〔7〕齐同：齐同术是中国古代数学一种处理分数和比率问题的方法。求若干个分数的公分母称之为"同"，只有"同"才能进行分数的运算；借助于分数的基本性质使各个分数的分子发生相应的变换称之为"齐"，只有"齐"才能保持原来的分数值不变。

〔8〕乘里为步：底本、胡刻本、戴校本作"乘内步"，依钱校本校改。

〔9〕步为分：底本、胡刻本脱"分"字，依钱校本补。

〔10〕通分内子：化带分数为假分数。

〔11〕次求里：底本作"欲求里"，依胡刻本、殿本校改。

〔12〕约之：包括约分在内的一系列简化运算。

〔13〕求里：底本、胡刻本、殿本脱"里"字，从钱校本、郭刘本补。

〔14〕三之：因一里等于3百步，里数乘以3即化为百步数。

〔15〕以三乘之，为百步之实：底本、胡刻本脱"百"字，戴校本补作"以三百乘之，为步之实"。今依上下文意补。

〔16〕而言三之者：底本、胡刻本脱"三"字，依戴校本补。

〔17〕不满法者，上十之，如法得十步：底本、胡刻本均脱此十二字，此据殿本校补。

〔18〕上不用三百乘，故此十之。便以一位为十实，故从一位命为十：底本、胡刻本均脱此二十四字注，此据殿本校补。

〔19〕十之者：乘以十。底本、胡刻本脱"十"字，依戴校本补。

〔20〕娄与角去北极：娄星组与角星组去北极的距离 $\left(91 度 610 里 264\frac{1296}{1461} 步\right)$，因《周髀算经》认为春、秋分时太阳在娄、角之宿，故实指中衡（春、秋分日道）与北极的距离。

〔21〕北：底本作"此"，依胡刻本校正。

〔22〕东井去北极：东井星组去北极的距离 $\left(66 度 1481 里 155\frac{1245}{1461} 步\right)$，因《周髀算经》认为夏至时太阳在东井宿，故实指内衡（夏至日道）与北极的距离。

## 【译文】

牵牛宿距离北极 115 度 1 695 里 $21\frac{819}{1461}$ 步。牵牛，冬至日所在之宿在外衡，外衡与北极的距度数。计算法是：取外衡到北极中心的距离 238 000 里，减去北极璇玑的半径 11 500 里，北极枢靠近牵牛。超过北极一万一千五百里。此求去极度，所以相减。得余数 226 500 里，以此为被除数。乘以 300，化里为步。以周天分（1461）乘以步数为分。内衡之度与弧长比率以周天分度为除数，除数将化为分，因此以周天分乘以被除数，使被除数与除数分母相同，得 99 274 950 000 分。以内衡圆周 1 度所对应的弧长 1 954 里 $247\frac{933}{1461}$ 步为除数，如上，乘以 300 化里为步，乘以 1 461 化步为分，化带分数为假分数得 856 800 000 分。所得商的整数部分为度数，以 856 800 000 为求度数的除数。余数部分化为里、步。上文先求度，所以依次求里，依次求步。通分运算之后，分子除以 300 为被除数，上文以 300 乘里化为步。而从步求里，因此以分子除以 300 为以里为单位的被除数。以 1 461 为除数，所得商的整数部分为里数。

里、步皆以周天分（1 461）为分母，求度时被除数与除数应用相同分母，所以乘以 1 461 化开。度数已定，接下来求里，所以回过来以 1 461 为除数。余数部分分母为 1 461，分子乘以 3，相除后整数部分为百步数。上文以三百相约，得以里为单位的被除数。此当乘以三，为以百步为单位的被除数。而说乘以三，是不想改变除数，便以被除数个位为百步，所以根据个位称为百步。剩余部分分子乘以 10，相除后整数部分为十步数。上文不用三百乘，所以此处乘以十。便以被除数个位为十步，所以根据个位称为十步。剩余部分分子乘以 10，相除后得步数。又乘以十，便以被除数个位为一步，所以根据个位称为步。不足一步的剩余部分，以分母为 1 461 的分数表示。个位到一步，因此表示为以除数为分母、余数为分子的分数。以下数值仿此求得。下文娄宿、角宿及东井宿都如此求法。

娄宿与角宿距离北极 91 度 610 里 264 $\frac{1\,296}{1\,461}$ 步。娄宿，春分日所在之宿；角宿，秋分日所在之宿；都在中衡。计算法是：取中衡到北极中心的距离 178 500 里为被除数，不说加、减，娄宿与角宿在北极枢两旁，正与北极枢相齐。因娄宿与角宿不需调整，所以便以距北极枢之数为被除数。如上文，乘以 300 化里为步，乘以 1 461 化步分为分，得 78 236 550 000 分。以内衡圆周 1 度所对应的弧长为除数，所得商的整数部分为度数，余数部分化为里、步。化至最后不足一步的剩余部分，以分母为 1 461 的分数表示。

东井宿距离北极 66 度 1 481 里 155 $\frac{1\,245}{1\,461}$ 步。东井宿，夏至日所在之宿，在内衡。计算法是：取内衡到北极中心的距离 119 000 里，加上北极璇玑的半径 11 500 里，北极游之枢靠近东井，不到极一万一千五百里。此处求去极度，所以相加。其和为 130 500 里，以此为被除数。如上文，乘以 300 化里为步，乘以 1 461 化步分为分，得 57 198 150 000 分。以内衡圆周 1 度所对应的弧长为除数，所得商的整数部分为度数，余数部分化为里、步。化至最后不足一步的剩余部分，以分母为 1 461 的分数表示。

# 四、二十四节气[1]

凡八节[2]二十四气，气损益[3]九寸九分六分分之一[4]；冬至晷长一丈三尺五寸，夏至晷长一尺六寸，问次节[5]损益寸数长短各几何？

冬至晷长丈三尺五寸。

小寒丈二尺五寸。小分五[6]。

大寒丈一尺五寸一分。小分四。

立春丈五寸二分。小分三。

雨水九尺五寸三分[7]。小分二。

启蛰八尺五寸四分。小分一。

春分七尺五寸五分。

清明六尺五寸五分。小分五。

谷雨五尺五寸六分。小分四。

立夏四尺五寸七分。小分三。

小满三尺五寸八分。小分二。

芒种二尺五寸九分。小分一。

夏至一尺六寸。

小暑二尺五寸九分。小分一。

大暑三尺五寸八分。小分二。

立秋四尺五寸七分。小分三。

处暑五尺五寸六分。小分四。

白露六尺五寸五分。小分五。

秋分七尺五寸五分。

寒露八尺五寸四分。小分一。

霜降九尺五寸三分。小分二。

立冬丈五寸二分。小分三。

小雪丈一尺五寸一分。小分四。

大雪丈二尺五寸。小分五。

凡为八节二十四气[8]，二至者，寒暑之极；二分者，阴阳之和；四立者，生长收藏之始，是为八节。节三气[9]，三而八之，故为二十四。气损益九寸九分六分分之一。损者，减也。破一分为六分，然后减之。益者，加也。以小分满六得一，从分。冬至、夏至为损益之始[10]。冬至晷长极，当反短，故为损之始；夏至晷短极，当反长，故为益之始。此爽之新术。

术曰：置冬至晷，以夏至晷减之，余为实。以十二为法，十二者，半岁十二气也。为法者，一节损益之法[11]。实如法得一寸。不满法者，十之，以法除之，得一分。求分，故十之也。不满法者，以法命之[12]。法与余分皆半之也。

【注释】

〔1〕此标题是笔者所加。根据《尚书·尧典》，帝尧时代的四季是由观测四组恒星于黄昏时通过南方中天来确定的。随着生活提高和农耕发展对季节变化预测提出进一步的要求，古代气象家把简单的冬、夏至和春、秋分的四季划分逐渐地推广到八个节、每节三气的辨别，形成了一个八节二十四气的节气系统。周髀家利用八尺髀仪器，改进观察星组运行定节气的古法，建立了以日影测量和推算确定节气的定量系统。

〔2〕八节：指夏至、冬至、春分、秋分、立春、立夏、立秋、立冬。

〔3〕气损益：指八尺之表每气晷影的长度与前一气晷影之长相比的增减数。

〔4〕六分分之一：六分之一分，也称小分。

〔5〕次节：依次各节气。

〔6〕小分五：$\frac{5}{6}$分。小分：$\frac{1}{6}$分。余类推。

〔7〕三分：底本、胡刻本作"二分"，据戴校本及上下文校正。

〔8〕二十四气：这里列出了一套完整的二十四节气名称。《淮南子·天文训》中也有一套完整的二十四节气名称。但避汉景帝讳将"启蛰"改为"惊蛰"，与现行二十四节气名称全部一致。《淮南子·天文训》所使用的是秦汉之际的"颛顼历"，与《周髀算经》所采用的二十四节气的次序相同，启蛰在雨水之后。而《吕氏春秋·十二月纪》的次序是"蛰虫始振"在前，"始雨水"在后。《周髀算经》此节的时代可能与《淮南子·天文训》相近。颛顼历：秦统一六国后颁行的统一历法。

〔9〕节三气：全年一共二十四气，分为八节，每节三气。

〔10〕冬至、夏至为损益之始：赵爽注："冬至晷长极，当反短，故为损之始。夏至晷短极，当反长，故为益之始。此爽之新术。"《周髀算经》原来采用的是以每日晷影之差为公差来计算各气晷影长度，赵爽新术将各气晷影之差统一为公差，以等差级数表示二十四气晷影长，算法上可以"言约法易，上下相通，周而复始"，但未计入太阳高低距离远近等因素，受到李淳风等的批评（详见下文李淳风注）。

〔11〕损益之法：底本、胡刻本、戴校本脱"损"字，依钱校本补。

〔12〕术曰……以法命之：此段经文所述古代算法，其算法步骤可用现代笔算符号表达如下：以冬至日晷影寸数减去夏至日晷影寸数作被除数，除以节气差数十二。商的整数部分为寸数，余数部分先依十进制得到分数；再剩下的部分，因为分母 12 与分子 2 约简之后得 $\frac{1}{6}$，故以分母为六的分数来表示。其算术式式可表述为：

$$135 - 16 = 119,$$

$$\frac{119}{12} = 9 + \frac{11}{12} = 9 + 0.1 \times \frac{110}{12} = 9 + 0.9 + 0.1 \times \frac{2}{12} = 9 + 0.9 + 0.1 \times \frac{1}{6}$$

从中也可看出"六分分之一"或"小分"的由来。原文"不满法者，以法命之"，赵爽注："法与余分皆半之也。"指的就是 $\frac{2}{12} = \frac{1}{6}$。《周髀算经》中二十四节气的影长数据，冬至、夏至两个数据应来自实测，其他二十二个节气是从这两个数据根据"七衡六间"用一阶等差级数推算出来的。实际上二十四节气的影长数据并不构成一阶等差级数，例见下文李淳风附注所引《宋书·历志》所载何承天"元嘉历"实测影长。

【译文】

全年共八节二十四气，每气的〔晷影长度〕增减数是九寸九分又六分之一分；冬至日晷影长一丈三尺五寸，夏至日晷影长一尺六寸，问各节气晷影长度增减后各有多少？

冬至晷影长 1 丈 3 尺 5 寸。

小寒晷影长 1 丈 2 尺 5 寸 $\frac{5}{6}$ 分。

大寒晷影长 1 丈 1 尺 5 寸 1 $\frac{2}{3}$ 分。

立春晷影长 1 丈 5 寸 2 $\frac{1}{2}$ 分。

雨水晷影长 9 尺 5 寸 3 $\frac{1}{3}$ 分。

启蛰晷影长 8 尺 5 寸 4 $\frac{1}{6}$ 分。

春分晷影长 7 尺 5 寸 5 分。

清明晷影长 6 尺 5 寸 5 $\frac{5}{6}$ 分。

谷雨晷影长 5 尺 5 寸 6 $\frac{2}{3}$ 分。

立夏晷影长 4 尺 5 寸 7 $\frac{1}{2}$ 分。

小满晷影长 3 尺 5 寸 8 $\frac{1}{3}$ 分。

芒种晷影长 2 尺 5 寸 9 $\frac{1}{6}$ 分。

夏至晷影长 1 尺 6 寸。

小暑晷影长 2 尺 5 寸 9 $\frac{1}{6}$ 分。

大暑晷影长 3 尺 5 寸 8 $\frac{1}{3}$ 分。

立秋晷影长 4 尺 5 寸 7 $\frac{1}{2}$ 分。

处暑晷影长 5 尺 5 寸 6 $\frac{2}{3}$ 分。

白露晷影长 6 尺 5 寸 5 $\frac{5}{6}$ 分。

秋分晷影长 7 尺 5 寸 5 分。

寒露晷影长 8 尺 5 寸 4 $\frac{1}{6}$ 分。

霜降晷影长 9 尺 5 寸 3 $\frac{1}{3}$ 分。

立冬晷影长 1 丈 5 寸 2 $\frac{1}{2}$ 分。

小雪晷影长 1 丈 1 尺 5 寸 1 $\frac{2}{3}$ 分。

大雪晷影长 1 丈 2 尺 5 寸 $\frac{5}{6}$ 分。

全年一共有八节二十四气，冬至、夏至，极寒极暑；春分、秋分，阴阳相和；立春、立夏、立秋、立冬，生、长、收、藏之始，这是八节。每节三气，三乘以八，所以得二十四。每一节气晷影的长度加减数是 9 寸 9 $\frac{1}{6}$ 分。损，减损。

破开一分为六分，然后相减。益，增加。小分（六分之一分）满六得一分。冬至的晷影最长，是减损的开始；夏至的晷影最短，是增益的开始。冬至晷影最长，应当自此返短，因此为减损的开始；夏至晷影最短，应当返长，因此是增益的开始。这是我赵爽的新术。[加减数] 计算法是：以冬至日晷影长度减去夏至日晷影长度作被除数，以半年的节气差数十二为除数。十二，半年十二气。为除数，求一节增减的除数。商的整数部分是寸数；余数部分先乘以十，再除以十二，商的整数部分是分数；求分，所以乘以十。余数部分，以分母为六的分数来表示。分母与分子都取一半。

## 赵爽附录（四）：新晷之术[1]

旧晷之术，于理未当。谓春、秋分者，阴阳晷等，各七尺五寸五分。故中衡去周七万五千五百里。按春分之影七尺五寸七百二十二分[2]，秋分之影七尺四寸二百六十二分，差一寸四百六十分[3]。以此准之，是为不等。冬至至小寒，多半日之影。夏至至小暑，少半日之影。芒种至夏至，多二日之影。大雪至冬至，多三日之影。又半岁一百八十二日八分日之五，而此用四分日之二率[4]，故一日得七百三十分寸之四百七十六，非也。节候不正十五日，有三十二分日之七，以一日之率[5]十五日为一节，至令差错，不通尤甚。《易》曰："旧井无禽，时舍也。"[6]言法三十日，实当改而舍之。[7]于是爽更为新术，以一气率之，使言约法易，上下相通，周而复始，除其纰缪[8]。

【注释】

〔1〕今将赵爽注中所提出之新术作为附录四，并拟《新晷之术》为标题。

〔2〕七百二十二分：底本、胡刻本、戴校本作"七百二十三分"，赵爽改动之前的《周髀算经》原文应为"七百二十二分"（参见注〔8〕），今据意改。

〔3〕六十分：底本、胡刻本、戴校本作"六十一分"，"一"字为衍文，今据意删。

〔4〕四分日之二率：以 $\frac{2}{4}$ 日即 $\frac{1}{2}$ 日为单位计。

〔5〕一日之率：以一日为单位计。

〔6〕旧井无禽，时舍也：旧井泥沙淤积成废井，无禽光顾，物无用时就会被舍弃。出自《易·井卦第四十八》曰："《象》曰：井泥不食，下也；旧井无禽，时舍也。"

〔7〕改而舍之：舍弃修改。

〔8〕于是爽更为新术，以一气率之，使言约法易，上下相通，周而复始，除其纰缪：《周髀算经》原文以每日晷影之差为公差来计算各气的晷影长度，赵爽改为以各气晷影之差为公差来计算，使叙述简约，方法易用，上下相通，周而复始，消除其纰漏谬误。赵爽在注中坦率承认他已改动了《周髀算经》此节文字。根据赵爽注，可将《周髀算经》原来的二十四气晷影长复原。（参阅曲安京《〈周髀算经〉新议》，第 90 页，和 Christopher Cullen, *Astronomy and mathematics in ancient China: the Zhou bi suan jing*, p. 226。）见下：

"凡八节二十四气，日损益七百三十分寸之四百七十六；冬至晷长一丈三尺五寸，夏至晷长一尺六寸，问次节损益寸数长短各几何？

冬至晷长丈三尺五寸。

小寒丈二尺四寸七百三十分寸之六百五十二。

大寒一尺五寸七百三十分寸之八十二。

立春丈五寸七百三十分寸之二百四十二。

雨水九尺五寸七百三十分寸之四百二。

启蛰八尺五寸七百三十分寸之五百六十二。

春分七尺五寸七百三十分寸之七百二十二。

清明六尺六寸七百三十分寸之一百五十二。

谷雨五尺六寸七百三十分寸之三百一十二。

立夏四尺六寸七百三十分寸之四百七十二。

小满三尺六寸七百三十分寸之六百三十二。

芒种二尺七寸七百三十分寸之六十二。

夏至一尺六寸。

小暑二尺五寸七百三十分寸之三百三十二。

大暑三尺五寸七百三十分寸之一百七十二。

立秋四尺五寸七百三十分寸之一十二。

处暑五尺四寸七百三十分寸之五百八十二。

白露六尺四寸七百三十分寸之四百二十二。

秋分七尺四寸七百三十分寸之二百六十二。

寒露八尺四寸七百三十分寸之一百二。

霜降九尺三寸七百三十分寸之六百七十二。

立冬丈三寸七百三十分寸之五百一十二。

小雪丈一尺三寸七百三十分寸之三百五十二。

大雪丈二尺三寸七百三十分寸之一百九十二。

凡为八节二十四气，日损益七百三十分寸之四百七十六。冬至、夏至为损益之始。"

**【译文】**

旧的晷影算法，并不合理。所谓春分、秋分，阴阳各半，晷影相等，各长七尺五寸五分。所以中衡距周地 75 500 里。按春分之晷影长 7 尺 5 $\frac{722}{730}$ 寸，秋分之晷影长 7 尺 4 $\frac{262}{730}$ 寸，两者差 1 $\frac{460}{730}$ 寸。以此比较，可见两者不等。冬至至小寒，多半日之影差。夏至至小暑，少半日之影差。芒种至夏至，多二日之影差。大雪至冬至，多三日之影差。又半年是 182 $\frac{5}{8}$ 日，而此约略以半日为单位计，所以得一日影差是 $\frac{476}{730}$ 寸，这是错误的。节候并不正好等于 15 日，应是 15 $\frac{7}{32}$ 日。以整数日数的 15 日为一节，以至于差错、不通，尤为严重。《易》曰："旧井无禽，时舍也。"旧法以 30 日为二节，实当舍弃修改。于是爽改为新术，以一气为单位来计算，使叙述简约方法易用，上下相通，周而复始，消除其纰漏谬误。

## 李淳风附注（二）：二十四节气[1]

臣淳风等谨按：此术本文[2]及赵君卿注，求二十四气影，例损益九寸九分六分分之一，以为定率[3]。检勘术注，有所未通。又按《宋书·历志》[4]所载何承天"元嘉历"影[5]，冬至一丈三尺，小寒一丈二尺四寸八分，大寒一丈一尺三寸四分，立春九尺九寸一分，雨水八尺二寸八分，启蛰六尺七寸二分，春分五尺三寸九分，清明四尺二寸五分，谷雨三尺二寸五分，立夏二尺五寸，小满一尺九寸七分，芒种一尺六[6]寸九分，夏至一尺五寸，小暑一尺六寸九分，大暑一尺九寸七分，立秋二尺五寸，处暑三尺二[7]寸五分，白露四尺二寸五分，秋分五尺三寸九分，寒露六尺七寸二分，霜降八尺二寸八分，立冬九尺九寸一分，小雪一丈一尺三寸四分，大雪一丈二尺四寸八分。司马彪《续汉志》所载"四分历"影[8]，亦与此相近。至如祖冲之历宋"大明历"影[9]，与何承天虽有小差，皆是量天实数。雠校三历，足验君卿所立率虚诞。且《周髀》本文外衡下于天中六万里，而二十四气率乃是[10]平迁[11]。所以知者，按望影之法。日近影短，日远影长。又以高下言之，日高影短，日卑影长。夏至之日，最近北，又最高，其影尺有五寸。自此以后，日行渐远向南，天体又渐向下，以及冬至。冬至之日最近南，居于外衡，日最近下，故日影一丈三尺。此当每气[12]差降有别，不可均为一概设其升降之理。今此文，自冬至毕芒种，自夏至毕大雪，均差每气损九寸有奇，是为天体正平，无高卑之异。而日但南北均行，又无升降之殊，即无内衡高于外衡六万里，自相矛盾。

又按《尚书考灵曜》所陈格[13]上格下里数，及郑注升降远近，虽有成规，亦未臻理实。欲求至当，皆依天体高下远近修规，以定差数。自霜降毕于立春，升降差多，南北差少。自雨水毕于寒露，南北差多，升降差少。依此推步，乃得其实。既事涉浑仪，与盖天相反[14]。

【注释】

〔1〕此标题为笔者所加，李淳风在此对《周髀·二十四节气》术文及赵爽《新晷之术》注作了批评，他认为合理之术，应依天体高低距离长短，以定差数。从霜降起到立春至，上下升降的差额多，南北运行的差额少。从雨水起到寒露至，南北运行的差额多，上下升降的差额少。依此推算历法，才臻于"理实"。理：事理。实：事实。

〔2〕本文：底本、胡刻本脱"文"字，依戴校本补。

〔3〕定率：固定不变的差率。

〔4〕《宋书·历志》：《宋书》：南朝梁沈约（441—513）撰，全书一百卷：纪十卷、志三十卷、列传六十卷。《历志》全载杨伟"景初"、何承天"元嘉"、祖冲之"大明"三历文字，为历法学的珍贵资料。

〔5〕何承天"元嘉历"影：刘宋元嘉二十二年（445）颁行何承天撰的"元嘉历"，其中有来自长期观测的日影数据。

〔6〕六：底本、胡刻本作"九"，依戴校本改。

〔7〕二：底本、胡刻本作"三"，依戴校本改。

〔8〕司马彪《续汉志》所载"四分历"影：晋朝司马彪《续汉书》志三十卷已编入《后汉书》，其中载有后汉"四分历"八尺表的影长数据。

〔9〕祖冲之历宋"大明历"影：祖冲之（429—500）的"大明历"完成于刘宋大明六年（462），载于《宋书·律历志》，其中有他的晷影实测数据。

〔10〕是：底本、胡刻本作"足"，据戴校本改。

〔11〕平迁：平移，平面移动。李淳风从自己对宇宙模型的理解出发（参见图三十三），认为《周髀》作者及赵爽注都忽略了"外衡下于天中六万里"的规定，在讨论二十四气率时，只考虑在平面上移动，而不顾及斜面及日南北斜行移动的情形。

〔12〕气：底本、胡刻本作"岁"，依戴校本改。

〔13〕格：至，达。

〔14〕既事涉浑仪，与盖天相反：这些事实及其解释已经涉及浑天模型，用盖天模型无法解释，所以说与盖天说的主张相反。既：已经。浑仪：基于浑天说的天体测量仪器。

## 【译文】

臣李淳风等谨加按语：此术原文及赵君卿注，求二十四节气晷影长度，每个节气依次增减九寸九分又六分之一分，以为不变之差率。检验查勘此术原文及赵注，有所未通。又按《宋书·历志》所载，何承天"元嘉历"晷影，冬至是一丈三尺，小寒是一丈二尺四寸八分，大寒是一丈一尺三寸四分，立春是九尺九寸一分，雨水是八尺二寸八分，启蛰是六尺七寸二分，春分是五尺三寸九分，清明是四尺二寸五分，谷雨是三尺二寸五分，立夏是二尺五寸，小满是一尺九寸七分，芒种是一尺六寸九分，夏至是一尺五寸，小暑是一尺六寸九分，大暑是一尺九寸七分，立秋是二尺五寸，处暑是三尺二寸五分，白露是四尺二寸五分，秋分是五尺三寸九分，寒露是六尺七寸二分，霜降是八尺二寸八分，立冬是九尺九寸一分，小雪是一丈一尺三寸四分，大雪是一丈二尺四寸八分。司马彪《续汉书·历志》所载，后汉"四分历"晷影，也与此相近。至如祖冲之的刘宋"大明历"晷影，与何承天"元嘉历"虽有微小差别，都是量天实数。比对校验三历，足以证明赵君卿所立的差率不对。而且

《周髀》本文，外衡低于天中六万里，而二十四气的确定，乃是根据平面移动得来。之所以知道如此，是因为按观测晷影之法，太阳近时影短，太阳远时影长。又以高下而言，太阳高时影短，太阳低时影长。夏至时的太阳，运行至最北，又最高，其晷影是一尺五寸。自此以后，太阳运行渐远向南，天体又渐向下，以至冬至。冬至时的太阳，运行至最南，居于外衡，太阳运行至最下面，所以日影长一丈三尺。因此每一节气影长差降不同，不可都一概而论，设定其升降之规律。《周髀算经》这段文章，从冬至起到芒种至，从夏至起到大雪至，以等差每气减损九寸多一点，这是以为天体正平，没有高下差别之故。而假使太阳总是南北向均速而行，没有高低的不同，即不可能有内衡高于外衡六万里之说，这是自相矛盾。

又按《尚书考灵曜》所载上下到达里数，及郑注升降远近，虽有定规，也与实际不合。欲求最合理之术，应都依天体高低距离远近修订定规，以定差数。从霜降起到立春止，上下升降的差额多，南北运行的差额少。从雨水起到寒露止，南北运行的差额多，上下升降的差额少。依此推算历法，才能合乎实际。不过此事已经涉及浑天模型，与盖天说的主张相反。

# 五、历 学 历 法[1]

月后天[2]十三度十九分度之七。月后天者，月东行也。此见日月与天俱西南游，一日一夜天一周，而月在昨宿之东，故曰后天。又曰，章岁[3]除章月[4]，加日周一日作率。以一日所行为一度，周天之日为天度。术曰：置章月二百三十五，以章岁十九除之[5]，加日行一度，得十三度十九分度之七。此月一日行之数，即后天[6]之度及分。

小岁[7]，月不及故舍[8]三百五十四度万七千八百六十分度之六千六百一十二。小岁者，十二月为一岁。一岁之月，十二月则有余。十三月复不足，而言大、小岁，通闰月焉。不及故舍，亦犹后天也。假令十一月朔旦冬至，日月俱起牵牛之初，而月十二与日会。此数，月发牵牛所行之度也。术曰：置小岁三百五十四日九百四十分日之三百四十八，小岁者，除经岁十九分月之七。以七乘周天分千四百六十一，得万二千二百二十七，以减经岁之积分[9]，余三十三万三千一百八，则小岁之积分也。以九百四十分除之，即得小岁之积日及分。以月后天十三度十九分度之七乘之，为实。通分内子为二百五十四。乘之者，乘小岁积分也。又以度分母乘日分母为法[10]，实如法，得积后天[11]四千七百三十七度万七千八百六十分度之六千六百一十二。以月后天分乘小岁积分，得八千四百六十万九千四百三十二，则积后天分也。以度分母十九乘日分母九百四十，得万七千八百六十，除之，即得。以周天三百六十五度万七千八百六十分度之四千四百六十五除之，此犹四分之一也，约之即得。当于齐同[12]，故细言之。通分内子为六百五十二万三千三百六十五，除积后天分得十二周天，即去之。其不足除者，不足除者，不及故舍之六百三十二万九千五十二是也。三百五十四度万七千八百六十分度之六千六百一十二，以万七千八百六十除不及故舍之分，得此分矣。此月不及故舍[13]之分度数，佗[14]皆放此。次至经月，皆如此。

大岁[15]，月不及故舍十八度万七千八百六十分度之万一千六百二十八。大岁者，十三月为一岁。术曰：置大岁三百八十三日九百四十分日之八百四十七，大岁者，加经岁十九分月之十二。以十二乘之周天分千四百六十一，得万七千五百三十二；以加经岁积分，得三十六万八百六十七，则大岁之积分也。以九百四十除之，即得。以月后天十三度十九分度之七乘之，为实。又以度分母乘日分母为法。实如法，得积后天五千一百三十二度万七千八百六十分度之二千六百九十八。此月后天分乘大岁积分，得九千一百六十六万二百一十八，则积后天分也。以周天除之，除积后天分，得十四周天，即去之。其不足除者，不足除者，三十三万三千一百八是也。此月不及故舍之分度数。

经岁[16]，月不及故舍百三十四度万七千八百六十分度之万一百五。经，常也，即十二月十九分月之七也。术曰：置经岁三百六十五日九百四十分日之二百三十五，经岁者，通十二月十九分月之七，为二百三十五，乘周天千四百六十一，得三十四万三千三百三十五，则经岁之积分；又以周天分母四乘二百三十五，得九百四十为法，除之即得。以月后天十三度十九分度之七乘之，为实。又以度分母乘日分母为法，实如法，得积后天四千八百八十二度万七千八百六十分度之万四千五百七十。以月后天分乘经岁积分，得八千七百二十万七千九十，则积后天之分。以周天除之，除积后天分，得十三周天即去之。其不足除者，不足除者，二百四十万三千三百四十五是也。此月不及故舍之分度数。

小月<sup>[17]</sup>不及故舍二十二度万七千八百六十分度之七千七百五十五。小月者，二十九日为一月。一月之二十九日则有余，三十日复不足。而言大小者，通其余分。术曰：置小月二十九日，小月者，减经月之积分四百九十九，余二万七千二百六十，则小月之积也。以九百四十除之，即得。以月后天十三度十九分度之七乘之，为实。又以度分母乘日分母为法，实如法，得积后天三百八十七度万七千八百六十分度之万二千二百二十。以月后天乘小月积分，得六百九十二万四千四十，则积后天之分也。以周天分除之<sup>[18]</sup>，除积后天分，得一周天，即去之。其不足除者，不足除者，四十万六百七十五。此月不及故舍之分度数。

大月<sup>[19]</sup>不及故舍三十五度万七千八百六十分度之万四千三百三十五。大月者，三十日为一月。术曰：置大月三十日，大月，加经积分四百四十一，得二万八千二百，则大月之积分也，以九百四十除之，即得。以月后天十三度十九分度之七乘之，为实。又以度分母乘日分母为法，实如法，得积后天四百一度万七千八百六十分度之九百四十。以月后天分乘大月积分，七百一十六万二千八百，则积后天之分也。以周天除之，除积后天分，得一周天，即去之。其不足除者，不足除者，六十三万九千四百三十五是也。此月不及故舍之分度数。

经月<sup>[20]</sup>不及故舍二十九度万七千八百六十分度之九千四百八十一。经，常也<sup>[21]</sup>。常月者，一月日，月与日合数。术曰：置经月二十九日九百四十分日之四百九十九，经月者，以十九乘周天分一千四百六十一，得二万七千七百五十九，则经月之积，以九百四十除之即得。以月后天十三度十九分度之七乘之为实，又以度分母乘日分母为法，实如法，得积后天三百九十四度万七千八百六十分度之万三千九百四十六。以月后天分乘经月积分，得七百五万七百八十六，则积后天之分。以周天除之，除积后天分，得一周天，即去之。其不足除者，不足除者，五十二万七千四百二十一是也。此月不及故舍之分度数。

**【注释】**

〔1〕此标题为笔者所加。

〔2〕月后天：月一日行之数，即月球在天上每天东行度数。日、月都在天上向西南视运行，一日一夜在天运行一周，而月亮在昨天起算的星宿之东，所以叫月后天。

〔3〕章岁：《周髀算经》下文称"日月之法，十九岁为一章"，一章岁等于十九回归年。

〔4〕章月：章岁中的朔望月称为章月。一章岁（十九回归年）中有235个朔望月，即235个章月。

〔5〕此法即十九年七闰法。学术界对此法之来源及其年代有不同看法。1909年Kugler以刚出土的巴比伦楔形文字泥板（Babylonian cuniform tablet）证实在Hammerabi时代（公元前1728—1686）巴比伦已施用闰月法。古代中国最早置闰月的记载"期三百有六旬有六日，以闰月定四时成岁"出现在《尧典》之中，但是在疑古风潮之后，有些学者认为最宽容地估计《尚书·尧典》中的资料不可能早到公元前1500年（参见李约瑟《中国科学技术史》（*Science and Civilisation in China*）卷三，第246页）。1974年van der Waerden系统地分析楔形文字泥板中有关闰月的记载，发现在公元前528—503年之间巴比伦闰月法是八年三闰法。在公元前五世纪初，巴比伦的闰月法由八年三闰法改进到十九年七闰法。早在1889年王韬（1828—1897）利用《春秋》中的编年证实在公元前七世纪中国的闰月法是十九年七闰法。接着新城新藏（1929）、薮内清（1969）、陈久金（1978）都作了《春秋》编年的研究，证实在公元前722年中国就已有十九年七闰法，从公元前589年到前476年《春秋》中的编年完全是依照十九年七闰法。

〔6〕后天：又称"月后天"，即月球一日东行之数。底本自"术曰：置章月"至"即后天之度及分"凡46字刻于赵爽注中，今依胡刻本、戴校本等将其归入《周髀算经》原文。

〔7〕小岁：十二个朔望月。

〔8〕不及故舍：即"后天"，月球一日东行之数。故舍：昨宿，昨天起算的星宿。不及：不及西行，即在昨宿之东。

〔9〕积分：在分数运算中通分变换之后的分子之积。

〔10〕以度分母乘日分母为法：度分母19与日分母940相乘，作分母，即

通分运算。

〔11〕积后天：一岁日数乘以每日"月后天"度数所得之积。以"积后天"为被除数，以周天度数为除数，相除后所得的余数即一岁中月球东行的度数。

〔12〕当于齐同：应当使分母相同便于运算，即通分。

〔13〕月不及故舍：月后天，小岁中月球在天上每天东行的度数。参见注〔6〕。

〔14〕佗：通"他"，胡刻本、戴校本作"他"，指下文的大岁、经岁、小月、大月、经月中月球东行的度数。

〔15〕大岁：十三个朔望月。

〔16〕经岁：回归年。一回归年等于太阳视圆面中心相继两次过冬至点所经历的时间，等于 $365\frac{1}{4}$ 日。

〔17〕小月：二十九日。

〔18〕以周天分除之：以周天减之。

〔19〕大月：三十日。

〔20〕经月：也称常月，即朔望月。一朔望月即月亮相继两次具有相同月相所经历的时间，等于 $29\frac{499}{940}$ 日。

〔21〕经，常也：底本脱，依胡刻本、戴校本补。

**【译文】**

月球在天上每天东行 $13\frac{7}{19}$ 度。月后天，指月东行。这是看到日、月都在天上向西南运行，一日一夜在天运行一周，而月亮在昨天起算的星宿之东，所以叫后天。又说，章月（235）除以章岁（19），加上太阳在天上每天东行的一度，求此率。以太阳一天所行为一度，太阳一周所行之日数为天度数。计算法是：[按十九年七闰]，取十九个回归年中的朔望月数 235 为被除数，以回归年数 19 来除，再加上太阳在天上每天东行的一度，得到 $13\frac{7}{19}$ 度。这是月球一天运行的度数，即"月后天"的度数。

[十二个朔望月为]一小岁，月球在天上东行 $354\frac{6612}{17860}$ 度。

小岁，十二个月为一岁。一岁之月数，实际上比十二个月多一点，而比十三个月少一点，而说到大、小岁，差别在闰月。"不及故舍"，也就是"后天"。假使十一月初一晨冬至时，日、月都从牵牛之初出发，而十二月初一晨月与日会合。这个数，是月从牵牛出发所行的度数。**计算法是：取小岁日数** $354\frac{348}{940}$ **日**，小岁，是从经岁减去十九分之七个朔望月。以七乘周天分（1 461），得10 227，从经岁的积分减去它，余数是333 108，这是小岁的积分。除以940，即得小岁的日数 $354\frac{348}{940}$ 日。**乘以"月后天"的** $13\frac{7}{19}$ **度。**化带分数为假分数，分子为254。乘之，是乘小岁积分。将度分母19和日分母940通分，**运算后得"积后天"度数** $4\,737\frac{6\,612}{17\,860}$ **度。**以月后天分乘以小岁积分，得84 609 432，就是积后天分。以度分母19乘以日分母940，得17 860。两者相除，即得"积后天"度数。**再以周天度数** $365\frac{4\,465}{17\,860}$ **度累减之，**此 $\frac{4\,465}{17\,860}$ 分数就是四分之一，分子分母相约即得。应当通分，所以分母化细。化周天度数的带分数为假分数，分子为6 523 365，从"积后天分"（84 609 432）累减，得整数十二周天，废弃不用。所得余数，余数，是"不及故舍"的6 329 052。**为** $354\frac{6\,612}{17\,860}$ **度**，以"不及故舍"的6 329 052除以17 860，得此分数。这就是一小岁中月球东行的度数。以下各值均可仿此步骤求得。以下到经月的各值，都仿此求得。

**[十三个朔望月为] 一大岁，月球在天上东行** $18\frac{11\,628}{17\,860}$ **度。**大岁，十三个朔望月为一大岁。**计算法是：取大岁日数** $383\frac{847}{940}$ **日**，大岁，是经岁加上十九分之十二个朔望月。以十二乘以周天分（1 461），得17 532，与经岁积分相加，得360 867，则是大岁的积分，除以940，即得。**乘以"月后天"的** $13\frac{7}{19}$ **度。**将度分母19和日分母940通分，**运算后得"积后天"度数** $5\,132\frac{2\,698}{17\,860}$ **度。**此月后天分乘以大岁积分，得91 660 218，就是积后天分。**再以周天度数** $\left[365\frac{4\,465}{17\,860}\right.$ **度** $\left.\right]$ **累减之，**从积后天分累减，得十四周天，废弃

不用。所得余数，余数是333 108。就是一大岁中月球东行的度数。

一经岁（回归年）中月球在天上东行 $134\frac{10\,105}{17\,860}$ 度。经，常；一

经岁即十二又十九分之七个朔望月。计算法是：取一回归年日数 $365\frac{235}{940}$

日，经岁（求法），将十二又十九分之七月化为假分数，分子是235，乘以周天分

1 461，得343 335，就是经岁积分，为被除数；又以周天分母4乘以235，得940为除数；

相除即得。乘以"月后天"的 $13\frac{7}{19}$ 度。将度分母19和日分母940

通分，运算后得"积后天"度数 $4\,882\frac{14\,570}{17\,860}$ 度。以月后天分乘以经岁

积分，得87 207 090，就是积后天之分。再以周天度数$\left[365\frac{4\,465}{17\,860}度\right]$累减

之，从积后天分累减，得整数十三周天，废弃不用。所得余数，余数是2 403 345。
就是一回归年中月球东行的度数。

[二十九日为]一小月，月球在天上东行 $22\frac{7\,755}{17\,860}$ 度。小月，

是二十九日为一月。（实际上）一个月比二十九日多，少于三十日。而说大、小月，是

把余数归并到大月。计算法是：取小月日数29日，小月（求法），从经月积分

27 759 减去499，余数27 260，是小月积分。小月积分除以940，即得29日。乘以

"月后天"的 $13\frac{7}{19}$ 度。将度分母19和日分母940通分，运算后得

"积后天"度数 $387\frac{12\,220}{17\,860}$ 度。以月后天分254乘以小月积分27 260，得

6 924 040，就是积后天分。再以周天度数$\left[365\frac{4\,465}{17\,860}度\right]$相减，从积后天分

（6 924 040）减去周天分（6 523 365），得一周天，废弃不用。所剩差数，差数是

400 675。就是一小月中月球东行的度数。

[三十日为]一大月，月球在天上东行 $35\frac{14\,335}{17\,860}$ 度。大月者，三

十日为一月。计算法是：取大月日数30日，大月（求法），从经月积分27 759

加上441，得28 200，就是大月积分。除以940，即得30日。乘以"月后天"的

$13\frac{7}{19}$度。将度分母19和日分母940通分，运算后得"积后天"

度数$401\frac{940}{17\,860}$度。以月后天分254乘以大月积分28 200，得7 162 800，就是积

后天分。再以周天度数$\left[365\frac{4\,465}{17\,860}\text{度}\right]$相减，从积后天分（7 162 800）减去

周天分（6 523 365），得一周天，废弃不用。所剩差数，差数是639 435。就是一
大月中月球东行的度数。

一经月（朔望月）中月球在天上东行$29\frac{9\,481}{17\,860}$度。经，就是常

常。常月的日数，是月与日合朔的日数。计算法是：取朔望月日数$29\frac{499}{940}$

日，经月（求法），以19乘以周天分1 461，得27 759，是经月积分。除以940，即得

$29\frac{499}{940}$日。乘以"月后天"的$13\frac{7}{19}$度。将度分母19和日分母940

通分，运算后得"积后天"度数$394\frac{13\,946}{17\,860}$度。以月后天分254乘以经

月积分27 759，得7 050 786，就是积后天分。再以周天度数$\left[365\frac{4\,465}{17\,860}\text{度}\right]$相

减，从积后天分（7 050 786）减去周天分（6 523 365），得一周天，废弃不用。所剩
差数，差数是527 421。就是一经月中月球东行的度数。

冬至昼极短，日出辰[1]而入申[2]。如上日之分入何宿法，分十二
辰于地所圆之周，舍[3]相去三十度十六分度之七。子、午居南、北，卯、酉居
东、西。日出入时立一游仪以望中央表之晷，游仪之下即日出入。阳照[4]
三，不覆九[5]。阳，日也。覆，犹遍也。照三者，南三辰巳、午、未。东
西相当[6]正南方。日出入相当，阳照三[7]辰为正南方。夏至昼极长，
日出寅[8]而入戌[9]。阳照九，不覆三[10]。不覆三者，北方三辰亥、
子、丑。冬至日出入之三辰属昼，昼夜互见。是出入三辰分为昼、夜各半明
矣。《考灵曜》曰："分周天为三十六顷[11]，顷有十度九十六分度[12]之十四。

长日分于寅，行二十四顷，入于戌[13]，行十二顷。短日分于辰，行十二顷，入于申，行二十四顷。"此之谓也。**东西相当正北方。**出入相当，不覆三辰为北方。**日出左而入右[14]，南北行[15]。**圣人南面而治天下，故以东为左，西为右。日冬至从南而北，夏至从北而南，故曰南北行。**故冬至从坎[16]，阳在子[17]，日出巽[18]而入坤[19]，见日光少，故曰：寒。**冬至十一月斗建[20]子，位在北方，故曰从坎；坎亦北也。阳气所始起，故曰在子。巽，东南。坤，西南。日见少暑，阳照三，不覆九也。**夏至从离[21]，阴在午[22]，日出艮[23]而入乾[24]，见日光多，故曰：暑。**夏至五月斗建午，位南方，故曰从离[25]，离亦南也。阴气始生，故曰在午。艮，东北。乾，西北。日见多暑，阳照九，不覆三也。**日月失度而寒暑相奸[26]。**《考灵曜》曰："在璇玑玉衡，以齐七政[27]。璇玑中而星未中[28]是急，急则日过其度，月[29]不及其宿；璇玑未中而星中[30]是舒，舒则[31]日不及其度，月[32]过其宿；璇玑中而星中是调，调则风雨时，[33]风雨时则草木蕃庶而百谷熟。"故《书》曰：急，常寒若；舒，常燠若。急舒不调是失度，寒暑不时即相奸。**往者诎[34]，来者信[35]也，故屈信相感[36]。**从夏至南往，日益短，故曰诎；从冬至北来，日益长，故曰信。言来往相推，诎信相感，更衰代盛，此天之常道。《易》曰："日往则月来，月往则日来，日月相推而明生焉。寒往则暑来，暑往则寒来，寒暑相推而岁成焉。往者屈也，来者信也，屈信相感而利生焉。"此之谓也。**故冬至之后，日右行；夏至之后，日左行。左者，往；右者，来。**冬至日出从辰来北，故曰右行；夏至日出从寅往南，故曰左行[37]。**故月与日合[38]，为一月[39]；**从合至合则为一月。**日复日[40]，为一日[41]；**从旦至旦为一日也。**日复星[42]，为一岁[43]。**冬至日出在牵牛，从牵牛周牵牛，则为一岁也。外衡冬至，日在牵牛。内衡夏至，日在东井。**六气复返，皆谓中气[44]。**中气，月中也。言日月往来，中气各六。《传》曰："先王之正时，履端于始，举正于中，归余于终。"[45]谓中气也。**阴阳之数，日月之法。**谓阴阳之度数，日月之法。

**【注释】**

〔1〕辰：以王城的观测者为中心，用十二支将大地划分为十二个方位。正北为子位，正南为午位，正东为卯位，正西为酉位。如图五十九所示，辰位于东方偏南。

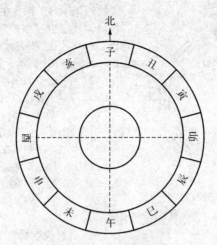

**图五十九　十二辰方位图**

〔2〕申：位于西方偏南。

〔3〕舍：底本作"合"，依胡刻本、戴校本改。

〔4〕照：日光所照范围。

〔5〕不覆九：日光不能普照或照不到的方位有九。

〔6〕东西相当：日出日落时的东西连线的中点。

〔7〕阳照三：阳光普照的方位有三。底本、胡刻本、殿本作"不覆三"，四库本作"不覆正"，今按上下文义校改为"阳照三"。

〔8〕寅：位于东方偏北。

〔9〕戌：位于西方偏北。底本作"戍"，依胡刻本、殿本校改。

〔10〕阳照九，不覆三：阳光照到的方位有九，日光不能普照或照不到的方位有三。

〔11〕顷：底本、胡刻本作"頭"，今据《考灵曜》、《隋书·天文志》、戴校本改。下五"顷"字同。顷：一周天分为三十六顷（即区间），每区有十又九十六分之十四度。

〔12〕分度：底本脱"度"字，依胡刻本补。

〔13〕戌：底本作"戍"，依胡刻本、殿本改。

〔14〕日出左而入右：对面南背北的观测者而言，太阳出于左方而入于右方。

〔15〕南北行：太阳轨道的南北移动。

〔16〕坎：如图六十所示的后天八卦图中，"坎"卦正当子位，代表正北方。

**图六十　后天八卦图**
（引自（清）胡渭《易图明辨》）

〔17〕阳在子：阳气在子位开始增长。

〔18〕巽：以王城的观测者为中心，用四维、八干、十二支将大地划分为二十四个方位。如图六十一所示，巽位于东南方。

〔19〕坤：位于西南方。

〔20〕斗建：北斗星柄所指之辰。

〔21〕离：后天八卦图（图六十）中，"离"卦正当午位，代表正南方。

〔22〕阴在午：阴气在午位开始增长。

〔23〕艮：位于东北方。

〔24〕乾：位于西北方。

〔25〕从离：底本脱"从"字，依殿本补。

〔26〕日月失度而寒暑相奸：如果日月运行急舒快慢不合常规，气候寒暑变化就会失调。

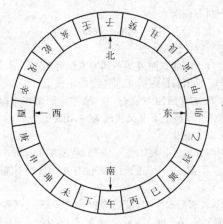

**图六十一　地平方位图**
（引自《中国天文学史》（1987））

〔27〕在璇玑玉衡，以齐七政：原出《尚书·舜典》："在璇玑玉衡，以齐七政。"指用玉制的璇玑玉衡（浑仪的雏型）观察，看日月五星运行是否合乎常规。在：观察。璇玑玉衡：一说根据马融、郑玄注，指玉制的浑仪；另一说以为指北斗七星（如《史记·天官书》等）。两说历来争论不休，指天文仪器还是星名这两种解释在纬书等文献中也各有用例。也许璇玑玉衡是与北斗七星有某种渊源的原始浑仪。七政：指日、月和金、木、水、火、土五星。马融

（79—166）、郑玄（127—200）：东汉经学大师，郑玄曾师从扶风马融，以《三礼注》等名世。

〔28〕璇玑中而星未中：玉仪游到中天而中星未到中天。《隋书·天文志》曰："案《虞书》：'舜在璇玑玉衡，以齐七政，'则《考灵曜》所谓观玉仪之游，昏明主时，乃命中星者也。"璇玑：玉仪，玉制的原始浑仪。星：中星，即《尚书·尧典》中定时节的昴、火、鸟、虚四中星。未中：未昏中，黄昏时未在中天。底本、胡刻本、戴校本"中而星未中"作"未中而星中"，今据《隋书·天文志》的《尚书考灵曜》引文乙改。

〔29〕月：底本、胡刻本、戴校本脱"月"字，依钱校本补。

〔30〕璇玑未中而星中：璇玑未到中天而中星已到中天。底本、胡刻本、戴校本"玑"下衍"玉衡"二字，钱校本、郭刘本已删，今亦删。又"未中而星中"底本、胡刻本、戴校本作"中而星未中"，今据《隋书·天文志》的《尚书考灵曜》引文乙改。

〔31〕则：底本脱"则"字，依胡刻本、戴校本补。

〔32〕月：底本、胡刻本于"月"字上衍"夜"字，今从钱校本删。

〔33〕璇玑中而星中是调，调则风雨时：二"调"字底本、胡刻本、戴校本作"周"，钱校本依孙诒让说改，今从。

〔34〕诎（qū）：通"屈"，短屈。

〔35〕信：伸，长。

〔36〕屈信相感：不同时节往来短长，此消彼长，不断更替，是宇宙普遍规律。具体地说，从夏至往南，日愈来愈短，到冬至最短；从冬至向北，日愈来愈长，到夏至最长。屈短和伸长的过程彼此累积着向其对立面转化的因素。接着又从夏至往南，……来往轮替，盛衰更替，自然界才生生不息。

〔37〕左行：底本作"左也"，依胡刻本、戴校本改。

〔38〕月与日合：太阳与月亮合朔。

〔39〕月：指朔望月。

〔40〕日复日：太阳在天上东升西落一周。

〔41〕日：太阳在天上东升西落一周，叫做一日，即所谓平太阳日。

〔42〕日复星：相对于某一恒星，太阳在天上运行回到起始点。例如冬至日太阳从牵牛出发，经过一恒星年又与牵牛重合。

〔43〕岁：相对于某一恒星，太阳在天上运行经过一岁回到起始点，此岁是指恒星年。

〔44〕六气复返，皆谓中气：七衡六间图中有六个间隔，太阳在一年中由外衡至内衡，经过六间，含六个中气；再复返外衡，又经过六间，又含六个中气。

〔45〕先王之正时，履端于始，举正于中，归余于终：语出《左传·文公

元年》："先王之正时也，履端于始，举正于中，归余于终。"年历的推算始于正月朔日，谓之"履端"。先王制订历法，以冬至朔日在子时相合作为制订历法的基准。建立十二中气与十二朔望月之间的固定的对应关系，就是"举正于中"。中气间隔与朔望月之差累积成一月，作为结果，置为闰月，就是"归余于终"。正：斗建，即北斗星斗柄所指的时辰。

## 【译文】

冬至日白昼极短，太阳出于辰位而入于申位。如上文日之出入于何宿之法，将地上所画的圆周分为十二辰，每三十又十六分之七度为一辰。子、午位于南与北，卯、酉位于东与西。日出入时立一游仪用以测望中央表的晷影，游仪之下是日出入的方位。阳光普照的方位有三，阳光不能普照或照不到的方位有九。阳，太阳。覆，遍。照到的三个方位，是南方三辰：巳、午、未。日出日落时的东西连线的中点在正南方。日出入对称，阳光普照的三辰为正南方。夏至日白昼极长，太阳出于寅位而入于戌位。阳光照到的方位有九，阳光照不到的方位有三。照不到的三个方位，是北方三辰：亥、子、丑，〔属夜。〕冬至日出入之三辰，属昼，昼夜相互映衬。出入三辰分为昼、夜各半显而易见。《考灵曜》说："分周天为三十六区间，每区有十又九十六分之十四度。长日昼夜分于寅，运行二十四区间，入于戌，运行十二区间。短日昼夜分于辰，运行十二区间，入于申，运行二十四区间。"说的就是这个。日出日落时的东西连线的中点在正北方。日出入对称，照不到的三辰为北方。太阳从左方出来而没落于右方，两至间太阳轨道作南北往返移动。圣人朝南而坐，治理天下，因此以东为左，以西为右。冬至时太阳从南而北，夏至从北而南，所以说南北行。冬至对应于坎位，阳气在子位，太阳出于巽位而没落于坤位，大地上所见的日光少，所以说冬寒。冬至十一月斗柄指子，位在北方，所以说从坎；坎也是在北方。阳气从此开始增长，所以说在子。巽，东南。坤，西南。每日晷影越来越短，阳光照到三辰，照不到九辰。夏至对应于离位，阴气在午位，太阳出于艮位而没落于乾位，大地上所见的日光多，所以说夏暑。夏至五月斗柄指午，位在南方，所以说从离，离也是在南方。阴气从此开始增长，所以说在午。艮，东北。乾，西北。每日晷影越来越长，阳光照到九辰，照不到三辰。如果日月运行的急舒快慢不合常规，气候寒暑的变化就会失调。《考灵曜》说："用璇玑玉衡（浑仪的雏型）观察，看日月五星运行是否合乎常规。璇玑游到中天而中星未到中天是急，急则日越过其该行之度，而月尚不到其该宿之位；璇玑未到中天而中星已到中天是舒，舒则日尚不到其该行之度，而月越过其该宿之位；璇玑和中星同时到中天是调，调则风调雨顺，风调雨顺则草木繁庶而百谷丰收。"所以《尚书·洪范》说：急，久寒不暖那样愁人；舒，久暖不寒那样愁人。急舒快慢不合常规是失度，寒暑变化不正常即失调。太阳轨道南移，白昼变短，太阳轨道北移，白昼变长，所以退缩和进展交互转化。从夏至往南，日愈来愈短，所以说短屈；从冬至向北，日愈来愈长，所以说伸长。说来往轮替，退缩和进展交互转化，盛衰更替，这是自然界的普遍规律。《易·系辞下》说："日往则月来，月往则日来，日月轮替而产生光明。寒往则暑来，暑往则寒来，寒暑轮替而构成年岁。所谓往，就是屈而退缩；所谓来，就是伸而进展。正是由于退缩和进展交互感应，自然界才生生不息。"说的就是这个道理。所以冬至以后，太阳右行；夏至以后，太阳左行。左行就是轨道南移；右行就是轨道北移。冬至太阳从辰位向北移动，所以说右行；夏至太阳从寅位向南移动，所以说左行。所以月亮与太阳合朔为一月；从合朔到合朔则为一月。太阳在天上东升西落一周为一日；从早晨到早晨为一日。相对于某一恒星，太阳在天上运行回到起始点为一恒星年。冬至日出在牵牛，从牵牛周行到牵牛，则为一恒星年。外衡对应冬至，日在牵牛。内衡对应夏至，日在东井。太阳在一年中由外衡至内衡，经过六个中气，再复返外衡，又经过六个中气。中气，月中。说日月往来，各有六个中气。《左传》说："先王制订历法，以冬至朔日在子时相合作为制订历法的基准。建立中气与朔望月之间的对应关系，中气间隔与朔望月之差累积成一月，作为结果，置为闰月。"说的就是中气。阴阳之数决定了日月之法。说阴阳之度数决定了日月之法。

十九岁为一章[1]。章，条也。言闰余尽，为法章条也[2]。"乾象"[3]曰："辰为岁中，以御朔之月而纳焉[4]。朔为章中除朔为章月[5]，月差为闰[6]。"四章为一蔀[7]，七十六岁。蔀之，言齐同日月之分为一蔀也。一岁之月，十二月十九分月之七，通分内子得二百三十五。一岁之日三百六十五日四分日之一，通之得一千四百六十一。分母不同，则子不齐。当互乘之以齐同之者，以日分母四乘月分，得九百四十，即一蔀之月。以月分母十九乘日分，得二万七千七百五十九，即一蔀之日。以日、月分母相乘得七十六，得一蔀之岁。以一岁之月除蔀月，得七十六岁。又以一岁之日除蔀日，亦得七十六岁矣。月余既终，日分又尽，众残齐合，群数毕满，故谓之蔀。二十蔀为一遂[8]，遂千五百二十岁。遂者，竟也。言五行之德一终，竟极日月辰终也[9]。《乾凿度》曰："至德之数，先立金木水火土五，凡各三百四岁。"五德运行，日月开辟。甲子为蔀首，七十六岁；次得癸卯蔀，七十六岁；次壬午蔀，七十六岁；次辛酉蔀，七十六岁；凡三百四岁，木德也，主春生。次庚子蔀，七十六岁；次己[10]卯蔀，七十六岁；次戊午蔀，七十六岁；次丁酉蔀，七十六岁；凡三百四岁，金德也，主秋成。次丙子蔀，七十六岁；次乙卯蔀，七十六岁；次甲午蔀，七十六岁；次癸酉蔀，七十六岁；凡三百四岁，火德也，主夏长。次壬子蔀，七十六岁；次辛卯蔀，七十六岁；次庚午蔀，七十六岁；次己[11]酉蔀，七十六岁；凡三百四岁，水德也，主冬藏。次戊子蔀，七十六岁；次丁卯蔀，七十六岁；次丙午蔀，七十六岁；次乙酉蔀，七十六岁；凡三百四岁，土德也，主致养。其得四正子、午、卯、酉而朝四时焉[12]。凡一千五百二十岁终一纪，复甲子，故谓之遂也。求五德日名之法，置一蔀者七十六岁，德四蔀，因而四之，为三百四岁；以一岁三百六十五日四分日之一乘之，为十一万一千三十六，以六十去之，余三十六，命甲子算外[13]，得庚子，金德也。求次德，加三十六，满六十[14]去之，命如前，则次德日也。求算蔀名：置一章岁数，以周天分乘之，得二万七千七百五十九，以六十去之，余三十九，命以甲子算外，得癸卯蔀。求次[15]蔀，加三十九，满六十去之，命如前，得次蔀。三遂为一首[16]，首四千五百六十岁。首，始也。言日、月、五星终而复始也。《考灵曜》曰："日月首甲子，冬至。日、月、五星俱起牵牛初，日月若合璧，五星如联珠，青龙甲寅摄提格[17]。"并四千五百六十岁积及初，故谓首也。七首为一极[18]，极三万一千九百二十岁，生数皆终，万物复始。极，终。言日、月、星辰、弦、望、晦、朔[19]，寒暑推移，万物生育，皆复始，故谓之极。天以更元作纪历。元，始。作，为。七纪法天数更始，复为法述之。

**【注释】**

〔1〕章：十九回归年为一章。之所以取十九年为一章，是因为按十九年七闰法，可使回归年与朔望月建立整数关系：76 年 = 19 × 12 + 7 月 =235 月。

〔2〕言闰余尽，为法章条也：说使回归年与朔望月建立整数关系，是制订历法的要点。

〔3〕"乾象"：指东汉刘洪的"乾象历"（206），颁行于东吴（约 223）。这是中国古代第一部考虑到"月球运动不均匀性"的历法。赵爽在注中引用"乾象历"共两处。另一处在书末注释如何求"月一日行天之度"。

〔4〕辰为岁中，以御朔之月而纳焉：日月之会和十二中气以闰周建立起朔望月和回归年的整数关系。辰：日月之会，一年十二会。岁中：一岁有十二中气。

〔5〕朔为章中除朔为章月：以岁中（12）乘以章岁（19）为章中（228），再以章月（235）减去章中，两者差数为7。

〔6〕月差为闰：参见上注，两者的差数（即7）作为闰月之数。

〔7〕蔀：四章为一蔀，即76回归年。之所以取七十六年为一蔀，是因为按四分历法，可使回归年、朔望月和日三者都建立整数关系：76 年 = 235 月 = 76 × 365.25 日 = 27 759 日。

〔8〕遂：二十蔀为一遂，即1 520回归年。赵爽注："遂者，竟也。言五行之德一终，竟极日月辰终也。"引入"遂"的定义显然受到阴阳五行学说的影响。

〔9〕竟极日月辰终也：完成日、月、辰三者各自的循环。

〔10〕己：底本、胡刻本作"巳"，据戴校本改。

〔11〕己：同注〔10〕。

〔12〕其得四正子、午、卯、酉而朝四时焉：一遂之中，包括四正（子、午、卯、酉）而相应于四时（春生、秋成、夏长、冬藏）。例如甲"子"蔀、癸"卯"蔀、壬"午"蔀、辛"酉"蔀，共三百零四岁，是木德，主导"春"生。余类推。

〔13〕命甲子算外：古代干支纪日法中，所求年的冬至时刻到前面一个甲子的夜半的时间的天数部分叫做大余（不足一天的零数部分叫小余）。根据大余的数字，可以推算所求年冬至日的干支日名，即命甲子算外。如 0 为甲子日，1 为乙丑日，等等。

〔14〕满六十：底本、胡刻本、戴校本脱"满六十"三字，依钱校本补。

〔15〕次：底本、胡刻本、戴校本脱"次"字，依上文"求次德"，下文"得次蔀"校补。

〔16〕首：一首为三遂，即六十蔀，合4 560年。由于当时干支纪日法以60日为一周期，一首（4 560 年）的周期不仅建立了年、月、日有整数关系，而且相继两首起始日的干支也相同。理想的状况是：岁首初一冬至日，日干支为甲子。4 560 年后，此日一切复原，重新开始。

〔17〕摄提格：中国古代星岁纪年中的年名。当虚拟的太岁在寅位，这一年是寅年，叫摄提格。

〔18〕极：一极为七首，即31 920年。赵爽注："极，终也。言日、月、星辰、弦、望、晦、朔，寒暑推移，万物生育，皆复始，故谓之极。"《后汉书·律历志下》："日、月、五纬各有终原，而七元生焉。""七元"指日、月及金、木、水、火、土五星。"七首"可能来源于"七元"的概念。古克礼认为可能有来自西方的一星期7天的传闻，一极的设计可包含星期（7 天）及其他原有的周期（参阅 C. Cullen, *Astronomy and mathematics in ancient China: the Zhou bi suan jing*, p. 25），可备一说。

〔19〕弦、望、晦、朔：半圆的月叫弦，农历初七、八日为上弦，二十二、二十三日为下弦。农历十五圆月叫望。农历每月最后一天叫晦。农历每月初一叫朔。

## 【译文】

以 19 年为一章。章，就是条。说回归年与朔望月建立整数关系，为历法章条。"乾象"说："日月之会和十二中气以闰周建立起朔望月和回归年的整数关系。以岁中（12）乘以章岁（19）为章中（228），章月（235）减去章中，两者的差数（7）设为闰月。"四章为一蔀，共 76 年。蔀的意思是在年、月、日之间建立整数关系。一岁的月数是十二又十九分之七月，化为假分数，分子是二百三十五。一岁的日数是三百六十五又四分之一日，化为假分数，分子是一千四百六十一。分母不同，则分子不等价。当作通分运算，以日分母四乘月分子，得九百四十，即一蔀之月。以月分母十九乘日分子，得二万七千七百五十九，即一蔀之日。以日、月分母相乘得七十六，得一蔀之岁。以一蔀之月除以一岁之月，得七十六岁。又以一蔀之日除以一岁之日，也得七十六岁。既能使用月的零头用尽，又能使日的零头用尽，所有非整数都变成了整数，所以叫做蔀。**20 蔀是一遂，每遂是 1 520 年**。遂，就是穷尽。说完成五行之德，穷尽日月辰的循环。《乾凿度》说："至德之数，先立金、木、水、火、土五数，各三百零四岁。"五德运行，日月开辟。甲子为蔀首，七十六岁；其次得癸卯蔀，七十六岁；其次壬午蔀，七十六岁；其次辛酉蔀，七十六岁；共三百零四岁，是木德，主导春生。其次庚子蔀，七十六岁；其次己卯蔀，七十六岁；其次戊午蔀，七十六岁；其次丁酉蔀，七十六岁；共三百零四岁，是金德，主导秋成。其次丙子蔀，七十六岁；其次乙卯蔀，七十六岁；其次甲午蔀，七十六岁；其次癸酉蔀，七十六岁；共三百零四岁，是火德，主导夏长。其次壬子蔀，七十六岁；其次辛卯蔀，七十六岁；其次庚午蔀，七十六岁；其次己酉蔀，七十六岁；共三百零四岁，是水德，主导冬藏。其次戊子蔀，七十六岁；其次丁卯蔀，七十六岁；其次丙午蔀，七十六岁；其次乙酉蔀，七十六岁；共三百零四岁，是土德，主导奉养。其得四正：子、午、卯、酉，而朝四时：春夏秋冬。共一千五百二十岁终结一纪，甲子重新开始，所以叫做遂。求五德日名之法：取一蔀七十六岁，每德四蔀，因此乘以四，为三百零四岁；以一岁三百六十五又四分之一日乘之，为十一万一千三十六，除以六十，余数为三十六日。用余数推算，得庚子，是金德日。求次德，加三十六，减去六十，余数为十二，用前法推算，则得次德日（丙子）。求算蔀名：取一章岁数（19），以周天分（1461）相乘，得二万七千七百五十九，除以六十，余数为三十九。用余数推算，得癸卯蔀。求次蔀：加三十九，减去六十，（余数为十八，）用前法推算，则得次蔀（壬午）。**三遂是一首，每首是 4 560 年**。首，就是开始。说日、月、五星终而复始。《考灵曜》说："日月起始于甲子，冬至。日、月、五星都从牵牛初出发，日月象合璧，五星如联珠，青龙甲寅年。"累计四千五百六十岁又到初始，所以叫首。**七首是一极，每极是 31 920 年**。天地间一切周期都已终了，万物从头开始。极，终。说日、月、五星，弦、望、晦、朔，寒暑推移，万物生育，都重新开始，所以叫做极。天道新一轮循环开始，从头计算历法。
元，始。作，为。七首一极历法天数更始，[下文] 又讲述推算法。

何以知天三百六十五度四分度之一？而日行一度，而月后
天十三度十九分度之七？二十九日九百四十分日之四百九十九
为一月，十二月十九分月之七为一岁[1]？非《周髀》本文，盖人问师
之辞，其欲知度之所分，法术之所生耳。

（周天除之，除积后天分，得一周即弃之。其不足除者，如
合朔[2]。）

古者包牺、神农制作为历，度元之始，见三光[3]未知[4]其
则[5]，三光，日、月、星。则，法也。日、月、列星，未有分度。则星
之初列[6]，谓二十八宿也。日主昼，月主夜，昼夜为一日。日、月
俱起建星[7]。建六星在斗上也。日、月起建星，谓十一月朔旦冬至日也。为
历术者，度起牵牛前五度，则建星其近也。月度[8]疾，日度[9]迟，度，
日、月所行之度也。日、月相逐于二十九日、三十日间，言日、月二
十九日则未合，三十日复相过。而日行天二十九度余，如九百四十分日之
四百九十九。未有定分。未知余分定几何也。于是三百六十五日南极
影长，明日反短。以岁终日影反长，故知之，三百六十五日者
三，三百六十六日者一，影四岁而后知差一日，是为四岁共一日。故岁
得四分日之一。故知一岁三百六十五日四分日之一，岁终也。月积
后天十三周又与百三十四度余，经岁月后天之周及度求之，余者未知
也，言欲求之也。无虑后天十三度十九分度之七，未有定。无虑者，
粗计也。此已得月后天数而言。未有者，求之意。未有见故也。于是日行天
七十六周，月行天千一十六周，又[10]合于建星。月行一月，则行过
一周而与日合。七十六岁九百四十周天，所过复九百四十也。七十六周并之，
得一千一十六为一月后天率。分尽度终，复还及初也。

置月行后天之数，以日后天之数除之，得十三度十九分度
之七，则月一日行天之度。以日度行率除月行率，一日得月度几何。置
月行率一千一十六为实，日行率七十六为法，实如法而一。法及余分皆四约
之，与"乾象"同归而殊途，义等而法异也。

复置七十六岁之积月，置章岁之月二百三十五，以四乘[11]之，得九百四十，则蔀之积月也。以七十六岁除之，得十二月十九分月之七，则一岁之月。亦以四约法除分。蔀岁除月与章岁除章月同也。

置周天度数[12]，以十二月十九分月之七除之，得二十九日九百四十分日之四百九十九，则一月日之数。通周天四分日之一为千四百六十一，通十二月十九分月之七，为二百三十五。分母不同则子不齐，当互乘以同齐之。以十九乘千四百六十一，为二万七千七百五十九；以四乘二百三十五，为九百四十。乃[13]以除之，则月与日合之数。

【注释】

〔1〕何以知天……为一岁：此段问话，非《周髀天文篇》本文，可能是在《周髀算经》编辑成书时（或较后）加入的。

〔2〕周天除之，其不足除者，如合朔：此十二字和赵注"除积后天分，得一周即弃之"十一字，顾观光《周髀算经校勘记》认为："此与上下文不相属……殊无文理……并当删。"钱校本等从之。今暂留原文内，译文中则均删去。

〔3〕见三光：观测日、月、列星。

〔4〕知：底本、胡刻本作"如"，据顾观光说改。

〔5〕则：法则。运行规则。

〔6〕则星之初列：此为底本、胡刻本原文，戴校本改作"列星之初列"，钱校本从。郭刘本作"列星之初"。今仍从底本，未改。

〔7〕建星：星官名，共有六星，即人马座ξ、ο、π、δ、ρ、ν星。与南斗（斗宿）相隔黄道。《晋书·天文志》："建星六星在南斗北。……斗建之间，三光道也。"

〔8〕月度：月亮运行。

〔9〕日度：太阳运行。

〔10〕又：底本、胡刻本、戴校本作"及"，依钱校本改。

〔11〕乘：底本作"象"，依胡刻本、戴校本改。

〔12〕周天度数：$365\frac{1}{4}$ 度。一回归年日数是 $365\frac{1}{4}$ 日，"四分历"遂将一周天划分为 $365\frac{1}{4}$ 度，两者数值相等。取周天度数相当于取一回归年日数。

〔13〕乃：底本、胡刻本作"及"，依殿本改。

【译文】

何以知道周天为365$\frac{1}{4}$度？何以知道太阳每日东行一度，而月球每天东行13$\frac{7}{19}$度？又何以知道29$\frac{499}{940}$日为一月，而12$\frac{7}{19}$月为一年？不是《周髀》原文，这是学子请教老师的话，他想知道分度和算法的根据。

古代包牺、神农创制历法，开始推算的时候，观测日、月、星，尚未知其运行规则。三光，日、月、星。则，就是法则。日、月、列星的位置也未能度量测定。星宿的分布，说的是二十八宿。注意到太阳主宰白昼，月亮支配黑夜。定一昼夜为一日。太阳与月亮都从建星出发向东运行，建六星在南斗之上。日、月从建星出发，指十一月朔旦冬至日。制订历术，从牵牛前五度起度，附近的建星就作为参照点。月亮运行得快，太阳运行得慢。度，日、月所行之度。行至二十九日至三十日之间，正是日、月相互追逐最靠近之时，说日、月运行二十九日尚未合朔，运行三十日又超过。此时太阳已在天上运行二十九度多，例如多九百四十分之四百九十九日。但这些尚无确切数值。未知零数的确切大小。于是观察到365日后太阳运行到最南端而使表影达最长，第二天影长变化反过来，开始变短。发现这年底表影达到最长的周期，每三个365日，就有一个366日。知道四岁之后表影差一日，这意味着四岁的日差一共一日。所以每岁分得四分之一日。于是知道一年之长是365$\frac{1}{4}$日，确定了一回归年日数。在此期间，月球东行了13周天又134度多，一回归年月球东行的周天及整度已求得，零数尚未知道，说是待求之数。可以估算出它每天东行13$\frac{7}{19}$度，但尚未获得证实。于是又发现太阳东行76周天时，月亮恰好东行了1016周天，日月又重合于建星。月运行一个月，则行过一周而与日合。七十六岁中月运行了九百四十个周天，经过日九百四十次。加上日行的七十六周，得到一千一十六为一月后天率。度分都是整数，又回到出发点。

取此时段内月球东行的周天数，以太阳东行的周天数相除，则得一日之内月球东行的度数是13$\frac{7}{19}$度。以月球东行的周天数除以日东行的周天数，得一日之内月球东行的度数。取月球东行的周天数一千一十六为被除数，日东行的周天数七十六为除数，相除，所余分数用四约简。与"乾象"的方法殊途同归，结果等价而算法不同。

再取 76 年内的朔望月数 [940]，取章岁之月二百三十五，乘以四，得九百四十，是蔀之积月。以 76 年相除，则得一年之内的月数是 $12\frac{7}{19}$ 月。所余分数也用四约简。蔀之积月（940）除以蔀岁（76）与章岁之月（235）除以章岁（19）结果相同。

取周天度数 $\left[$即回归年日数 $365\frac{1}{4}\right]$，以每年 $12\frac{7}{19}$ 月相除，则得一月之内日数是 $29\frac{499}{940}$ 日。化周天度数为假分数，分子是 1 461，分母是 4；化十二又十九分之七月为假分数，分子是 235，分母是 19。因分母不同，分子不能直接运算，作通分。以 19 乘以 1 461，得 27 759；以 4 乘以 235，得 940。然后相除，则得月与日合朔之数。

# 附　录

## 插 图 目 录

| 编　号 | 图　名 |
|---|---|
| 十七 | 求股弦差（$c-b$）二次开方式解析图 |
| 十八 | 比较赵爽右图和股实之矩 |
| 十九 | 求勾弦差（$c-a$）二次开方式解析图 |
| 二十 | 股实之矩和勾实之矩重叠图 |
| 二十一 | 外大方图 |
| 二十二 | 直角三角形合并成矩形的弦图和左图 |
| 二十三 | 求"广"和"袤"二次开方式解析图 |
| 二十四 | 东汉袖珍铜圭表 |
| 二十五 | 晷影测量圆形坐标示意图 |
| 二十六 | 陈子数学模型中三个直角三角形的相似关系示意图 |
| 二十七 | 陈子以竹空测量太阳直径示意图 |
| 二十八 | 太阳水平距离与斜高距离示意图 |
| 二十九 | 异地同时测量与异时同地测量的互换关系 |
| 三十 | 观测点与北极、两至点距离关系示意图 |
| 三十一 | 日光过极相接与不相及示意图 |
| 三十二 | 两至时观测地正东、西方见日不见日示意图 |
| 三十三 | 李淳风的斜面天地模型 |
| 三十四 | "后高前下"二望测高法的示意图 |
| 三十五 | "前高后下"二望测高法的示意图 |
| 三十六 | "倾斜大地"二望测高远法的示意图 |
| 三十七 | 李淳风测日径法 |
| 三十八 | "邪下术"二望测高远法的示意图 |

| 编　　号 | 图　　　名 |
|---|---|
| 三十九 | "邪上术"二望测高远法的示意图 |
| 四十 | 南宋本陈子日高图（补正） |
| 四十一 | 南宋本陈子日高图（脱底行） |
| 四十二 | 明胡刻本陈子日高图（脱底行） |
| 四十三 | 吴文俊复原的赵爽日高图 |
| 四十四 | 赵爽日高图（复原） |
| 四十五 | 南宋本陈子日高图（补正移字） |
| 四十六 | 底本七衡图 |
| 四十七 | 七衡图 |
| 四十八 | 殷墟"七周纹"铜镜 |
| 四十九 | 青图画（据底本七衡图改画） |
| 五十 | 黄图画（据底本七衡图改画） |
| 五十一 | 平行球冠的盖天模型 |
| 五十二 | 北极璇玑四游图解 |
| 五十三 | 以槷的日影测定方向示意图 |
| 五十四 | 天文赤道坐标示意图 |
| 五十五 | 二十八宿距星与西方通用星座名的比较 |
| 五十六 | 曾侯乙二十八宿天文图（摹本） |
| 五十七 | 濮阳龙虎宫方位布局 |
| 五十八 | 游仪测星示意图 |
| 五十九 | 十二辰方位图 |
| 六十 | 后天八卦图 |
| 六十一 | 地平方位图 |

# 一、鲍澣之跋

　　《周髀算经》二卷，古盖天之学也。以勾股之法，度天地之高厚，推日月之运行，而得其度数。其书出于商周之间，自周公受之于商高，周人志之，谓之《周髀》，其所从来远矣。《隋书·经籍志》有《周髀》一卷，赵婴注。《周髀》一卷，甄鸾重述。而唐之《艺文志·天文类》有赵婴注《周髀》一卷，甄鸾注《周髀》一卷。其《历算类》仍有李淳风注《周髀算经》二卷，本此一书耳。至于本朝《崇文总目》，与夫《中兴馆阁书目》，皆有《周髀算经》二卷，云赵君卿注、甄鸾重述、李淳风等注释。赵君卿，名爽，君卿其字也。如是则在唐以前，则有赵婴之注；而本朝以来，则是赵爽之本，所记不同。意者赵婴、赵爽，止是一人。岂其字文相类，转写之误耶？然亦当以隋唐之书为正可也。又《崇文总目》及李籍《周髀音义》皆云赵君卿不详何代人。今以序文考之，有曰："浑天有《灵宪》之文，盖天有《周髀》之法。"《灵宪》乃张衡之所作，实后汉安顺之世。而甄鸾之重述者，乃是解释君卿之所注，出于宇文周之时。以此推之，则君卿者，其亦魏晋之间人乎。若夫乘勾股朱黄之实，立倍差减并之术，以尽开方之妙。百世之下，莫之可易。则君卿者诚算学之宗师也。嘉定六年癸酉十一月一日丁卯冬至承议郎权知汀州军州兼管内劝农事主管坑冶括苍鲍澣之仲祺谨书。

（引自《周髀算经》南宋本）

# 二、四库全书总目：《周髀算经》提要

　　案《隋书·经籍志》天文类，首列《周髀》一卷，赵婴注。又一卷，甄鸾重述。《唐书·艺文志》，李淳风释《周髀》二卷，与赵婴、甄鸾之注，列之天文类。而历算类中复列李淳风注《周髀算经》二卷。盖一书重出也。是书内称周髀长八尺，夏至之日，晷一尺六寸。盖髀者，股也。于周地立八尺之表以为股，其影为勾，故曰"周髀"。其首章周公与商高问答，实勾股之鼻祖。故御制《数理精蕴》载在卷首而详释之，称为成周六艺之遗文。荣方问于陈子以下，徐光启谓为千古大愚。今详考其文，惟论南北影差，以地为平远，复以平远测天，诚为臆说。然与本文已绝不相类，疑后人传说而误入正文者。如《夏小正》之经传参合，傅崧卿未订以前，使人不能读也。其本文之广大精微者，皆足以存古法之意，开西法之源。如书内以璇玑一昼夜环绕北极一周而过一度，冬至夜半璇玑起北极下子位，春分夜半起北极左卯位，夏至夜半起北极上午位，秋分夜半起北极右酉位。是为璇玑四游所极，终古不变。以七衡六间，测日躔发敛，冬至日在外衡，夏至在内衡，春秋分在中衡。当其衡为中气，当其间为节气[1]，亦终古不变。古"盖天"之学，此其遗法。盖"浑天"如球，写星象于外，人自天外观天。"盖天"如笠，写星象于内，人自天内观天。笠形半圆，有如张盖，故称"盖天"。合地上地下两半圆体，即天体之浑圆矣。其法失传已久，故自汉以迄元、明，皆主浑天。明万历中欧逻巴人入中国，始别立新法，号为精密。然其言地圆，即《周髀》所谓地法覆槃、滂沱四隤而下也。其言南北里差，即《周髀》所谓北极左右，夏有不释之冰，物有朝生暮获；中衡左右，冬有不死之草，五谷一岁再熟。是为寒暑推移，随南北不同之故。春分至秋分，极下常有日光，秋分至春分，极下常无日光。是为昼夜永短，随南北不同之故也。其言东西里差，即《周髀》所谓东方日中，西方夜半；西方日中，东方夜半。昼夜易处如四时相反。是为节气合朔加[2]时早晚，随东西不同之故也。又李之藻以西法制浑盖通宪，展昼短规使大于赤道规，一同《周髀》之展半衡使大于中衡。其《新法算书》述第谷以前西法，三百六十五日四分日之一，每四岁之小余成一日，亦即《周髀》所谓三百六十五日者三，三百六十六日者一也。西法多出于《周髀》，此皆显证。特后来测验增修，愈推愈密耳。《明史·历志》，谓尧时宅西居昧谷，畴人子弟散入遐方，因而传为西学者，固有由矣。此书刻本脱误，多不可通。今据《永乐大典》内所载，详加校订，补脱文一百四十七字，改讹舛者一百一十三字，删其衍复者十八字。旧本相承，题云汉赵君卿注。其自序称爽以暗蔽，注内屡称"爽或疑焉"、"爽未之前闻"，盖即君卿之名。然则隋、唐《志》之赵婴，殆即赵爽之讹欤？注引《灵宪》、"乾象"，则其人在张衡、刘洪后也。旧有李籍《音义》，别自为卷，今仍其旧。书内凡为图有五，而失传者三，讹舛者一。谨据正文及注为之补订。古者九数惟《九章》、《周髀》二书流传最古，故讹误亦特甚。然溯委穷源，得其端绪，固术数家之鸿宝也。

（引自四库全书研究所整理《钦定四库全书总目》，中华书局，1997 年）

**【校注】**

〔1〕当其衡为中气，当其间为节气：整理本误刊为"当其冬至日在外衡，间为节气"，据影印文渊阁《四库全书》本等改。

〔2〕加：整理本、殿本作"如"，浙、粤本作"加"。

## 三、李淳风《晋书·天文志》节选

昔在庖牺观象察法，以通神明之德，以类天地之情，可以藏往知来，开物成务。故《易》曰："天垂象，见吉凶，圣人象之。"此则观乎天文以示变者也。《尚书》曰："天聪明自我民聪明。"此则观乎人文以成化者也。是故政教兆于人理，祥变应乎天文，得失虽微，罔不昭著。然则三皇迈德，七曜顺轨，日月无薄蚀之变，星辰靡错乱之妖。黄帝创受《河图》，始明休咎，故其《星传》尚有存焉。降在高阳，乃命南正重司天，北正黎司地。爰洎帝喾，亦式序三辰。唐虞则羲和继轨，有夏则昆吾绍德。年代绵邈，文籍靡传。至于殷之巫咸，周之史佚，格言遗记，于今不朽。其诸侯之史，则鲁有梓慎，晋有卜偃，郑有裨灶，宋有子韦，齐有甘德，楚有唐昧，赵有尹皋，魏有石申夫，皆掌著天文，各论图验。其巫咸、甘、石之说，后代所宗。暴秦燔书，六经残灭，天官星占，存而不毁。及汉景武之际，司马谈父子继为史官，著《天官书》，以明天人之道。其后中垒校尉刘向，广《洪范》灾条，作《皇极论》，以参往之行事。及班固叙汉史，马续述《天文》，而蔡邕、谯周各有撰录，司马彪采之，以继前志。今详众说，以著于篇。

古言天者有三家，一曰盖天，二曰宣夜，三曰浑天。汉灵帝时，蔡邕于朔方上书，言"宣夜之学，绝无师法。《周髀》术数具存，考验天状，多所违失。惟浑天近得其情，今史官候台所用铜仪则其法也。立八尺圆体而具天地之形，以正黄道，占察发敛，以行日月，以步五纬，精微深妙，百代不易之道也。官有其器而无本书，前志亦阙"。

蔡邕所谓《周髀》者，即盖天之说也。其本庖牺氏立周天历度，其所传则周公受于殷商，周人志之，故曰《周髀》。髀，股也；股者，表也。其言天似盖笠，地法覆槃，天地各中高外下。北极之下为天地之中，其地最高，而滂沲四隤，三光隐映，以为昼夜。天中高于外衡冬至日之所在六万里，北极下地高于外衡下地亦六万里，外衡高于北极下地二万里。天地隆高相从，日去地恒八万里。日丽天而平转，分冬夏之间日所行道为七衡六间。每衡周径里数，各依算术，用勾股重差推晷影极游，以为远近之数，皆得于表股者也。故曰《周髀》。

又周髀家云："天圆如张盖，地方如棋局。天旁转如推磨而左行，日月右行，随天左转，故日月实东行，而天牵之以西没。

譬之于蚁行磨石之上，磨左旋而蚁右去，磨疾而蚁迟，故不得不随磨以左回焉。天形南高而北下，日出高，故见；日入下，故不见。天之居如倚盖，故极在人北，是其证也。极在天之中，而今在人北，所以知天之形如倚盖也。日朝出阳中，暮入阴中，阴气暗冥，故没不见也。夏时阳气多，阴气少，阳气光明，与日同辉，故日出即见，无蔽之者，故夏日长也。冬天阴气多，阳气少，阴气暗冥，掩日之光，虽出犹隐不见，故冬日短也。"

（引自1985年台湾世界书局景印摛藻堂《四库全书荟要》本）

# 参考文献和书目

《尚书》（《书经》）

《诗经》

战国初墨翟《墨子》

《礼记·月令》

《论语》

《周礼》

秦吕不韦及其门客《吕氏春秋》

西汉刘安《淮南子》

西汉戴德《大戴礼记》

《九章算术》

东汉张衡《灵宪》

魏刘徽《海岛算经》

《史记·律书》、《史记·天官书》

《汉书·天文志》、《汉书·律历志》

《后汉书·律历志》

《晋书·天文志》

《宋书·历志》

《隋书·天文志》

唐瞿昙悉达《开元占经》

唐李籍撰《周髀算经音义》

宋李昉等编《太平御览》

南宋杨辉《续古摘奇算法》

Archimedes, *On the Measurement of a Circle*，收入 *The Works of Archimedes*（英文），T. L. Heath 译，Dover Publications，(1897)。

安徽省文物工作队、阜阳地区博物馆、阜阳县文化局《阜阳双骨堆汝阴侯墓发掘报告》，《文物》1978 年第八期，第 12—31 页。

Biot, Édouard., *Traduction et Examen d'un ancien Ouvrage intitule Tcheou-Pei, litteralement "Style ou signal dans un circonference"*《周髀算经译解》（法文），刊于《亚洲研究》(*Journal Asiatique*) 第 3 卷第 11 期，(1841)。

薄树人《再谈〈周髀算经〉中的盖天说——纪念钱宝琮先生逝世十五周年》，《自然科学史研究》，8 卷 4 期（1989），第 297—305 页。

曹一《〈周髀算经〉的自洽性分析》，《上海交通大学学报》哲学社会科学版，2005 年第 2 期，第 39—43 页。

陈斌惠《〈周髀算经〉光程极限数值来由新探》，《自然科学史研究》24 卷 1 期（2005），第 84—90 页。

陈方正《有关〈周髀算经〉源流的看法和设想——兼论圆方图和方圆图》，收入《站在美妙新世纪的门槛上》，中国文化研究所，2002 年，第 439—452 页。

陈久金《历法的起源和先秦四分历》，《科技史文集》第一辑，上海科学技术出版社，1978 年，第 5—21 页。

陈良佐《赵爽勾股圆方图注之研究》，《大陆杂志》，1982 年 64 卷一期，第 18—37 页。

陈良佐《〈周髀算经〉勾股定理的证明与"出入相补"原理的关系——兼论中国古代几何学的缺失和局限》，《汉学研究》，1989 年 7 卷一期，第 255—281 页。

陈文熙《平天说》，《科学技术与辩证法》，12 卷 2 期（1995），第 42—47 页。

程纶《毕达哥拉斯定理应改称商高定理》，《中国数学杂志》，1卷1期（1951），第12—13页。

程贞一《勾股，重差和积矩法》，刘徽学术思想国际研讨会论文（1991），编入吴文俊主编《刘徽研究》，陕西人民教育出版社，九章出版社，1993年，第476—502页。

程贞一、席泽宗《陈子模型和早期对于太阳的测量》，《京都大学人文科学研究所研究报告》，1991年3月，第367—383页。

程贞一（Chen Cheng-Yih）《商高的解剖证明法》（英文），收入 Science and Technology in Chinese Civilization（《中华科技史文集》），世界科学出版公司，新加坡，1987年，第35—44页。

程贞一、席泽宗《孔子思想与科技》，《中国图书文史论集》，现代出版社（北京），1992年，第217—231页。

程贞一、席泽宗《〈尧典〉和中国天文的起源》（英文），收入 Astronomies and Cultures，Colorado 出版社，1993年，第32—66页。

Cullen, Christopher《周髀算经》导读，刘国忠译，载于［英］鲁惟一（Michael Loewe）主编、李学勤等译《中国古代典籍导读》，辽宁教育出版社，1997年，第34—40页。原载 Early Chinese Texts: A Bibliographical Guide, Edited by Michael Loewe, University of California, Berkeley, 1993，第33—38页。

冯礼贵《周髀算经成书年代考》，《古籍整理研究学刊》1986年第4期，第37—41页。

冯时《河南濮阳西水坡45号墓的天文学研究》，《文物》，1990年第3期，第52—60、69页。

傅大为《论〈周髀〉研究传统的历史发展与转折》，收入《异时空里的知识追逐》，东大图书公司，1992年，第1—62页。

高均《周髀北极璇玑考》，《中国天文学会会刊》（1927），第43—56页。

Gillon, Brendan S. , *Introduction*, *Translation and Discussion of Chao Chun-ch'ing's* "*Notes to the Diagrams of Short Legs and Long Legs and of Squares and Circles*", *Historis Mathematica*, vol. 4 (1977), 253–293.

郭书春《关于〈算经十书〉的校勘》，载戴吾三、维快主编《中国科技典籍研究——第二届中国科技典籍国际会议论文集》，大象出版社，2003 年，第 1—9 页。

桥本敬造（Hashimoto Keizo）《周髀算经》日文译注，收入薮内清（Yabuuchi Kiyoshi）主编《中国天文学数学集》（1980），Tokyo，289–350。

桥本增吉（Hashimoto Masukichi）《书经尧典の四中星に就いて》，《东洋学会》（东京），1928 年，17 卷，第 3 期，第 303—385 页。

何驽《山西襄汾陶寺城址中期王级大墓 IIM22 出土漆杆"圭尺"功能试探》，《自然科学史研究》，第 28 卷第 3 期（2009），第 261—276 页。

Herbert, Chatley, "*The Heavenly Cover*": *a Study in Ancient Chinese Astronomy*, *Observatory*, 1938, **61**, 10ff.

黄建中、张镇九、陶丹《擂鼓墩一号墓天文图象考论》，《华中师范学院学报》1982 年第 4 期，第 29—39 页。

江晓原《周髀算经——中国古代惟一的公理化尝试》，《自然辩证法通讯》，18 卷 3 期（1996），第 43—48 页。

江晓原《周髀算经盖天宇宙结构考》，《自然科学史研究》，15 卷 3 期（1996），第 248—253 页。

江晓原《〈周髀算经〉与古代域外天学》，《自然科学史研究》，16 卷 3 期（1997），第 207—212 页。

江晓原、钮卫星《天学史上的梁武帝》，《中国文化》，1997 年，第 15、16 期合刊，第 128—140 页。

李迪《中国古代的盖天仪》，《自然辩证法通讯》，21 卷 4

期（1999），第48—53页。

黎耕、孙小淳《汉唐之际的表影测量与浑盖转变》，《中国科技史杂志》第30卷第1期（2009），第120—131页。

李国伟《论〈周髀算经〉"商高曰数之法出于圆方"章》，原载于《第二届科学史研讨会汇刊》，台湾"中央研究院"，1989年，第227—234页。

李国伟《从单表到双表——重差术的方法论研究》，《中国科技史论文集》，联经出版事业公司（台北），1995年，第85—105页。

李继闵《商高定理辩证》，《自然科学史研究》，12卷1期（1993），第29—41页。

李俨《中算家之 Pythagoras 定理研究》，收于《中算史论丛》第一卷，1935年，上海商务印书馆出版，第1—38页。

李俨《勾股方圆图注》，收入《中国数学大纲》，科学出版社（北京），1958年，第28—30页。

李志超《戴震与周髀研究》，收入《天人古义——中国科学史论纲》，大象出版社1998年第2版，第236—245页。

李志超《周髀——科学理论的典范》，收于《天人古义——中国科学史论纲》，大象出版社，1998年第2版，第227—235页。

刘邦凡《论〈周髀算经〉的推类思想》，《科技信息：学术版》，2007年第10期，第3—4页。

刘朝阳《中国天文学史之一重大问题——〈周髀算经〉之年代》，《国立中山大学语言历史学研究所周刊》，94—96期合期（1929），第1—11页。

刘钝《关于李淳风斜面重差术的几个问题》，《自然科学史研究》，12卷2期（1993），第101—111页。

鲁子建《璇玑玉衡考》，《社会科学研究》，1994年第5期，第85—88页。

Pingree, David: *History of Mathematical Astronomy in India*, Dictionary of Scientific Biography, vol. 15, New York, 1978, 554.

Proclus, *Proclus's Commentary on Euclide*. 收入 Thomas Heath, *A History of Greek Mathematics*《希腊数学史》, Oxford: Oxford University Press, 1921, 95 - 100.

钱宝琮《〈周髀算经〉考》，收入《钱宝琮科学史论文选集》，科学出版社（1983），第 119—136 页。

钱宝琮《中国数学中之整数勾股形研究》，《数学杂志》，1 卷 3 期（1937），第 94—112 页。

钱宝琮《甘石星经源流考》，《国立浙江大学季刊》（1937 年 6 月）。又收入《钱宝琮科学史论文选集》，科学出版社（1983），第 271—286 页。

钱宝琮《盖天说源流考》，收入《钱宝琮科学史论文选集》，科学出版社（1983），第 377—403 页。

秦建明《盖天图仪考》，《文博》2008 年第 1 期，第 4—10 页。

曲安京《商高、赵爽与刘徽关于勾股定理的证明》，《数学传播》，20 卷 3 期，1996 年 9 月，第 20—27 页。

曲安京《〈周髀算经〉的盖天说：别无选择的宇宙结构》，《自然辩证法研究》，1997 年第 8 期，第 37—40 页。

沈康身《刘徽与赵爽》，收入吴文俊主编《九章算术与刘徽》，1982 年，北京师范大学出版社，第 76—94 页。

沈康身《勾股术新议》，收入吴文俊主编《中国数学史论文集》，第二辑，1986 年，山东教育出版社出版，第 19—28 页。

石璋如《读各家释七衡图、说盖天说起源新例初稿》，《中央研究院历史语言研究所集刊》（台湾），68 本 4 分，1997 年 12 月，第 787—816 页。

孙小淳《关于〈周髀算经〉中的距离和去极度》，《第七届国际中国科学史会议论文集》，大象出版社，1996 年，第 193—199 页。

孙小淳《关于汉代的黄道坐标测量及其天文学意义》，《自然科学史研究》，19 卷 2 期（2000），第 143—154 页。

唐如川《对陈遵妫先生〈中国古代天文学简史〉中关于盖天说的几个问题的商榷》，《天文学报》，5 卷 2 期（1957），第 292—300 页。

王健民、梁柱、王胜利《曾侯乙墓出土的二十八宿青龙白虎图》，《文物》1979 年第 7 期，第 40—45 页。

王健民、刘金沂《西汉汝阴侯墓出土圆盘上二十八宿古距度的研究》，收入《中国古代天文文物论集》，文物出版社（北京），1989 年，第 59—68 页。

魏凤岐《商高定理的三个证明》，《数学通讯》，1955 年第 7 期，第 32 页。

闻人军、李磊《一行、南宫说天文大地测量新考》，《文史》第三十二辑，1989 年，第 93—103 页。

吴文俊《我国古代测望之学重差理论评介兼评数学史研究中的某些方法问题》，《科技史文集》（第八辑数学史专辑），上海科学技术出版社，1982 年，第 5—30 页。又收入《吴文俊文集》，山东教育出版社，1986 年，第 2—29 页。

吴蕴豪、黎耕《"倚盖"说与〈周髀算经〉宇宙模型的再思考》，《中国科技史杂志》，29 卷 4 期（2008），第 358—363 页。

Wylie, Alexander, *Jottings on the Science of the Chinese Arithmetic*, *Shanghai Almanac and Miscellany* (1853).

席泽宗《盖天说和浑天说》，《天文学报》，8 卷 1 期（1960），第 80—87 页。

薮内清（Yabuuchi Kiyoshi）《唐开元占经中之星经》，《同学报》第 8 期，1937 年，第 56—74 页。

袁敏、曲安京《梁武帝的盖天说模型》,《科学技术与辩证法》,25 卷 2 期（2008），第 85—89、104 页。

章鸿钊《禹之治水与勾股测量术》,《中国数学杂志》,1 卷 1 期（1951），第 16—17 页。

章鸿钊《周髀算经上之勾股普遍定理："陈子定理"》,《数学杂志》,1951 年第 1 期，第 13—15 页。

章元龙《关于商高或陈子定理的讨论》,《数学通报》,1 卷 4 期（1952），第 45—47 页。

赵永恒《〈周髀算经〉与阳城》,《中国科技史杂志》第 30 卷 第 1 期（2009），第 102—109 页。

郑振香、陈志达《安阳殷墟 5 号墓的发掘》,《考古学报》1977 年第 2 期，第 57—98、163—198 页。

竺可桢《二十八宿起源之时代与地点》,《气象学报》18（1944），第 1—30 页。


Biot, Jean-Baptiste, *Ètudes sur l'astronomie Indienne et sur l'asteonomie Chinoise*, Paris：Lévy, 1862.

陈遵妫《中国天文学史》第一册，上海人民出版社，1980 年。《中国天文学史》上册，上海人民出版社，2006 年。

程贞一（Chen Cheng-Yih）：*Early Chinese Work in Natural Science*,《中华早期自然科学之再研讨》,香港大学出版社，1996 年。

程贞一《黄钟大吕：中国古代和十六世纪声学成就》（王翼勋译），上海科技教育出版社，2007 年。

程贞一（Chen Cheng-Yih）主编《中华科技史文集》（*Science and Technology in Chinese Civilization*），World Scientific, Singapore, 1987。

Cullen, Christopher, *Astronomy and mathematics in ancient China: the Zhou bi suan jing*, Cambridge University Press, 1996.

清 冯经《周髀算经述》，收入《周髀算经（及其他一种）》，丛书集成初编本，中华书局（北京），1985 年新一版。

清 顾观光《周髀算经校勘记》，收入《续修四库全书》，上海古籍出版社，2002 年。

郭书春、刘钝校点《算经十书》，辽宁教育出版社，1998 年。

郭书春《九章算术译注》，上海古籍出版社，2009 年。

Heath, Thomas Little, *A History of Greek Mathematics*, Boston：Adamant Media Corporation, 1921.

江晓原、谢筠译注《周髀算经》，辽宁教育出版社，1996 年。

金祖孟《中国古宇宙论》，华东师范大学出版社，1991 年。

上田穰《石氏星经の研究》，東洋文庫，東京，1930 年。

Kugler, F. X., *Sternkunde und Sterndienst in Babel*, vol. II, Münster：Aschendorff, 1909.

李约瑟（Needham, Joseph）《中国的科学和文明》（*Science and Civilisation in China*），第 3 卷，剑桥大学出版社，1959 年。

刘钝《大哉言数》，辽宁教育出版社，1993 年。

三上义夫（Mikami Yoshio）《中国日本数学发展史》（*The Development of Mathematics in China and Japan*），Leipzig：Teubner, 1913, New York：Chelsea Publishing Company, 2nd Edition, 1974。

能田忠亮（Noda Churyo）《周髀算经の研究》，东方文化学院京都研究所研究报告第三册，1933 年。

钱宝琮校点《算经十书》，中华书局，1963 年。

钱宝琮《中国数学史》，科学出版社，1964 年。

曲安京《〈周髀算经〉新议》，陕西人民出版社，2002 年。

中山茂（Shigeru Nakayama），*A History of Japanese Astronomy*，《日本天文学史——中国背景和西方的影响》，哈佛

大学出版社，1969 年。

新城新藏（Shinjō Shinzō）《东洋天文学史研究》，弘文堂，1928 年。中译本沈璿译，中华学艺社，1933 年。

van der Waerden, B. L., *Science Awakening II. The Birth of Astronomy*, Leyden：Noordhoff International Publishing, 1974.

王韬《春秋朔闰至日考》，美华出版社（上海），1889 年。

王韬著，曾次亮点校《春秋历学三种》，中华书局（北京），1959 年。

王渝生《中国算学史》，上海人民出版社，2006 年。

闻人军《〈考工记〉导读》，巴蜀书社，1988 年。

《纬书集成》，上海古籍出版社，1994 年。

吴文俊主编、李迪本卷主编《中国数学史大系第一卷上古到西汉》，北京师范大学出版社，1998 年。

吴文俊主编、白尚恕（李迪代行）本卷主编《中国数学史大系第三卷东汉三国》，北京师范大学出版社，1998 年。

薮内清（Yabuuchi Kiyoshi）《中国の天文历法》，平凡出版社（东京），1969 年。

曾海龙译解《九章算术》附录《周髀算经》译解，重庆大学出版社，2006 年。

中国天文学史整理研究小组《中国天文学史》，科学出版社，1987 年。

# 重要术语索引

# 后 记

近现代考古发现和出土文物不时提供新的资料，使中国科技史研究别开生面。在撰写《周髀算经译注》的过程中，我们亦得益于各种考古资料，以助鉴证。在《周髀算经译注》交稿之后，我们注意到北京大学整理秦简的工作简报，因与本书所述先秦天文数学家陈子有关，故补述于此：

"2010 年初，香港冯燊均国学基金会慷慨出资，抢救了一批流失海外的珍贵秦代简牍，并捐赠给北大。北京大学出土文献研究所随即组织了对这批简牍的清理、保护、照相和整理工作，目前对这批简牍的主要内容和性质已有初步了解。"《算数书》类文献"共有四卷，总数达 400 余枚，是这批简牍中数量最多的一类……在卷四《算数书》篇首有一段长达 800 余字的佚文，以'鲁久次问数于陈起'开篇，通过'陈起'的回答，详尽论述了古代数学的起源、作用和意义……而文中的'陈起'，可能即《周髀算经》中的'陈子'，是战国时期的一位数学家。"（引自《北京大学新获秦简牍概述》，《北京大学出土文献研究所工作简报》总第 3 期，第 2—8 页。2010 年 10 月）

我们期望着这批秦简资料的早日发表，冀望有更多考古新发现，以便进一步研究陈子时代的天文数学。

本书在李淳风附注（一）中收入了傅大为、刘钝和曲安京研究李淳风"邪下术"和"邪上术"的成果，他们的成果充实了对李淳风等《周髀算经》注释的研究，我们在此致谢。同时也感谢曲安京的授权，有助于附注中插图的绘制。本书撰写过程中，曾参考了海内外有关学者的研究成果，对他们的贡献，谨致谢意。限于篇幅，在此不一一道谢，敬祈谅恕。最后笔者也欲借此机会，向作风严谨的责任编辑熊扬志先生致谢，他的多处重要建议已融入本书之中。

程贞一、闻人军
2011 年 7 月 20 日于美国加州